保障性住房 BIM 技术应用全过程监管

琚 娟 范卫东 主编

中国建筑工业出版社

图书在版编目（CIP）数据

保障性住房 BIM 技术应用全过程监管 / 琚娟，范卫东主编．—北京：中国建筑工业出版社，2022.10
ISBN 978-7-112-28027-8

Ⅰ.①保… Ⅱ.①琚… ②范… Ⅲ.①保障性住房－建筑设计－计算机辅助设计－应用软件 Ⅳ.① TU201.4

中国版本图书馆 CIP 数据核字（2022）第 181443 号

近年来，随着住房制度改革的深化和住房供给侧结构性改革的推进，保障性住房在房产供给中的比例日益提高，部分城市已达到60% 以上。BIM 技术凭借其在可视化、碰撞检查、方案模拟、数字交付等方面的优势，已越来越多地应用于保障房项目，有效提升了保障房项目的建设质量和精细化管理水平。

为了有效监管 BIM 技术应用过程中的 BIM 模型和应用成果质量，提高 BIM 技术应用推广效果，本书从设计、施工、预制构件阶段 BIM 模型和应用成果监管、成果交付要求、BIM 技术评价等方面，对 BIM 技术应用全过程监管要点进行了阐述，并通过一个典型项目对监管要点进行示例说明，以便读者深入理解本书理论在实践中的应用方法。

本书可为保障房项目政府管理部门、各业主单位、参建方等监管和实施 BIM 技术应用提供完整系统的参考，也可为其他行业相关管理及技术人员提供 BIM 技术应用参考。

责任编辑：张伯熙　曹丹丹
责任校对：党　蕾

保障性住房BIM技术应用全过程监管
琚　娟　范卫东　主编
*
中国建筑工业出版社出版、发行（北京海淀三里河路9号）
各地新华书店、建筑书店经销
北京科地亚盟排版公司制版
天津翔远印刷有限公司印刷
*
开本：787毫米×1092毫米　1/16　印张：7　字数：137千字
2023年2月第一版　2023年2月第一次印刷
定价：**34.00**元
ISBN 978-7-112-28027-8
（40147）

本书编委会

主　编　琚　娟　范卫东

编　委　纪　梅　周丽南　姚　敏　杜高强　叶耀东
王连宏　何卫东　丁杨兵　苏　雯　吴哲元
吴晓宇　徐汇达　周世捷　陈　波　曹晓瑾
叶少帅　王　军　孙德发　吴祥松　沈　琼
谢楚临　单正猷　方庆法　洪　辉　袁一迪
朱洁民　黄玮征　刘孝波

编写单位　（按各章节编写顺序排序）
上海市住宅建设发展中心
（上海市住宅修缮工程质量事务中心）
上海建科工程咨询有限公司
光明房地产集团上海汇晟置业有限公司
上海城乡建筑设计院有限公司
上海建浩工程顾问有限公司

前言

“十四五”期间，我国将在 40 个重点城市计划筹集保障性租赁住房 650 万套（间）。根据 30 个省（自治区、直辖市）公布的 2022 年政府工作报告，保障性住房正成为各地稳增长、保民生的重要抓手，有至少 21 个省（自治区、直辖市）提出 2022 年要大力发展保障性住房，扩大保障性住房供给。2022 年，住房和城乡建设部八项重点工作中，加快住房供给侧结构性改革、加大保障性住房供给的工作任务位列第二。未来保障性住房将超过商品住房成为主要住房供给形式，占比超过住房供给总量的 50%，保障性住房将迎来爆发式增长。但是，大规模的保障性住房建设，给各地住宅建设管理部门的监管带来了前所未有的挑战，亟须创新思路，运用先进科学技术，提升管理和服务水平。

建筑信息模型（Building Information Modeling，简称 BIM）被誉为推动建筑业生产力革命的关键性技术，近年来在国内外得到了快速发展和推广。随着我国资源和环境约束的增强，信息化、工业化、绿色化、低碳化已成为建筑业转型升级的必然选择。将 BIM 技术应用于保障性住房项目的设计、生产、建造、运维的全生命周期，将有效提升项目建设质量和精细化管理水平。同时，大规模的保障性住房建设，也为 BIM 技术的应用拓展提供了广阔的发展空间。经过近几年的发展，BIM 技术在保障性住房领域的应用率逐年提升，取得了明显的经济效益和社会效益。

然而，目前保障性住房 BIM 技术应用过程监管仍存在空白，项目实际应用 BIM 情况无法实时掌控和跟踪，监管信息不完整，监管方法缺失，这些问题导致 BIM 应用成果的深度和质量出现一定的随机性，无法全过程监控，对以政府和国有资金投资为主的保障性住房监管存在一定风险。为了有效监管 BIM 技术应用过程中的 BIM 模型和应用成果质量，提高 BIM 技术应用推广效果，本书从设计、施工准备、构件预制、施工实施阶段 BIM 模型和应用成果监管、成果交付要求、BIM 技术评价等方面，对 BIM 技术应用全过程监管要点进行了阐述，并通过一个典型项目对监管要点进行示例说明，以便读者深入理解本书理论在实践中的应用方法。

本书可为保障性住房项目政府管理部门、各业主单位、参建方等监管和实施 BIM 技术应用提供完整系统的参考，也可为其他行业相关管理及技术人员提供 BIM 技术应用参考。

目录

第1章

概 述

1.1 BIM技术发展概述

建筑业正处在由高速度增长向高质量发展的转折时期，BIM技术以其巨大的价值导向力，正在逐渐改变建筑行业的未来。在新一轮科技创新和产业变革中，信息化与建筑业的融合发展已成为建筑业发展的新趋势，将对建筑业发展带来战略性和全局性的影响。

BIM技术，全称是建筑信息模型技术，其核心是在3D模型中集成建筑的几何信息、时间信息和价格信息，这样不仅可以进行碰撞检查和冲突分析，减少设计图纸的错、漏、碰、缺问题，还可以进行进度模拟和对比分析，提前让参建各方看到整个建造过程，同时可以在建造过程中实时进行进度偏差分析与预警，便于及时调整施工进度，还可以计算工程量、计算成本，提高投资管理的效率。因此，以BIM技术为代表的新一代信息技术，正深度重塑建筑产业新生态，推动世界各国建筑业数字化转型。

英国是国家层面推进BIM技术最早的国家，也是全球BIM标准体系最健全的国家。早在1997年，英国建筑业项目信息委员会（CPIC）发布了全球第一个BIM建筑信息分类标准Uniclass。2011年5月，英国内阁办公室发布了《国家建造战略2011—2015》，第一次确定了在政府项目中推行BIM技术应用这一战略，并要求到2016年，所有的政府投资项目必须使用BIM技术，强制遵循BIM Level 2要求，并在2020年普遍达到BIM Level 2的水准。2013年，英国政府制定了“建造2025”战略规划，提出到2025年建设行业成本降低33%、交付速度提高50%、排放降低50%、出口增加50%，继续维持英国在建设行业全球领先地位的目标。2015年，英国发布了“数字建造英国-Level 3 BIM”战略计划，着手为未来的BIM Level 3的工作做准备，政府层面的BIM工作组并入到数字建造英国项目。2017年，英国成立数字建造中心（CDBB）。BIM在英国可以被认为就是“数字建造”，引入BIM标志着建筑业数字化时代的到来，BIM是建筑业和建设环境数字化转型的核心。与此同时，英国标准协会（British Standard Institution，简称BSI）等协会也逐步颁布了一系列标准指南、合同来配合建设行业实施BIM。2013年3月，英国推出PAS 1192—2标准（资本/交付阶段建筑信息模型信息管理规范），其目的主要是加强工程交付管理和财务管理，减少公共部门建设总支出费用。2018 年 12 月，ISO 19650—1 和 ISO 19650—2 两本标准首次发布，分别涉及 BIM 的概念、原则和交付过程。2019 年 10 月，英国 BIM 技术联盟、英国数字建筑中心和英国标准协会共同启动的英国 BIM 框架，取代了 BIM Level 2，集成了 BIM 技术最新标准及指导、构件资源库等信息直接供项目各阶段使用，便于更好地完成建筑的全周期信息化管理。另外，英国建筑规范组（National Building Specification，简称 NBS）还为实施 BIM 的企业开发了相应的软件工具，例如 NBS National BIM Library（提供通用模型和制造商模型）、BIM Create（辅助制定 BIM 信息标准）、NBS BIM Toolkit（在线可视化模型）等。

美国的 BIM 推广体系在全球范围来看比较具有独特性，其最大的特点是自下而上地推动。软件商与科研机构、协会合作，不断研发 BIM 软、硬件产品，企业在 BIM 应用过程中根据经验形成标准与指南，再由协会及国家机构进行整合后形成国家标准。虽然美国没有对应的 BIM 国家政策，但一直把 BIM 作为建筑业信息化的基础，2007 年发布的美国国家 BIM 标准第一版（NBIMS）中，BIM 应用的最高级别被定义为“国土安全”，在政府项目 BIM 应用中，首先审查项目应用的 BIM 软件及项目信息管理系统，通过政府审查后才允许应用。

在新加坡的 BIM 应用推广过程中，政策规划的引导举足轻重。新加坡政府的目标是建筑业的年生产率增长 2%～3%，政府权威机构新加坡建设局（BCA）在 2008 年引领多家机构共同努力，实现了世界上首个 BIM 电子提交。自 2010 年起，新加坡建筑业开始采用 BIM 并构建 BIM 能力。2011 年，新加坡政府发布了 BIM 电子提交指南，指南要求到 2015 年，所有建筑面积大于 5000m^2 的新建项目必须提交 BIM 模型并进行并联审批。为支持申请人的 BIM 应用，2012 年 BCA 发布了新加坡 BIM 指南第一版（2015 年第二版指南问世），为所有 BIM 提交申请人提供参考。指南明确了项目成员在项目不同阶段使用 BIM 时的角色和职责，即由 BIM 可交付成果、BIM 建模和协作程序、BIM 执行计划和 BIM 专业人员组成。同时，BCA 推出了针对三个关键领域的第二个发展路线规划：包括质量更高的劳动力、更高数额的资本投资和整合更佳的建筑业价值链。这三个关键领域标志着未来从 3D 建模向 4D 和 5D BIM 应用的过渡。

随着各国 BIM 技术应用的推进，了解 BIM 技术的人员逐年增加。根据英国 NBS 发布的《国家 BIM 报告 2020》，2011—2020 年期间，知道并应用 BIM 技术的人数由 13% 提升至 73%，BIM 技术的应用率提升了 60%，截至 2020 年，不知道也没有在用 BIM 技术的人数仅占 1%（图 1-1）。

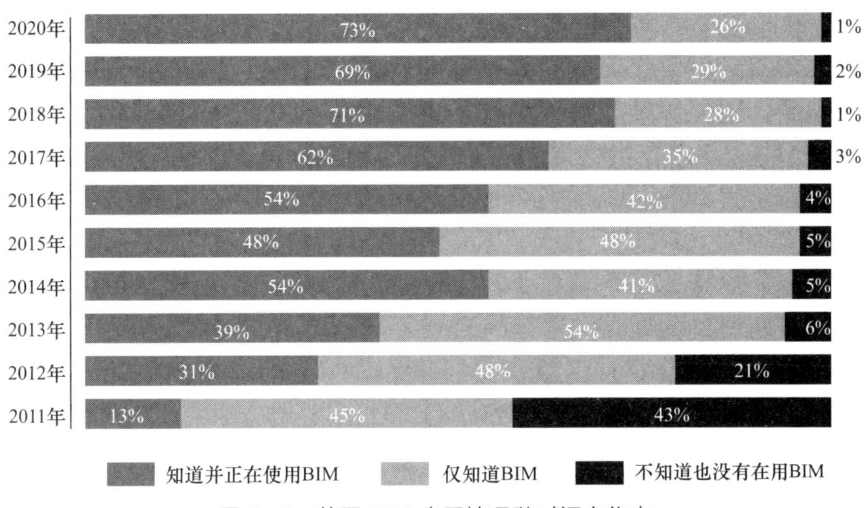

图 1-1 英国 BIM 应用情况随时间变化表

此外，企业内部的 BIM 技术应用率也在增加。根据 McGraw-Hill 的 *BIM Smart Market Report* 相关全球报告调研数据，全球 BIM 技术应用率有三个特征：第一，目前正在应用 BIM 的大部分企业计划在未来两年内继续提升 BIM 应用项目比例；第二，大型设计和施工企业是 BIM 技术应用的先行者；第三，设计企业、施工企业 BIM 技术应用率差距逐渐缩小。从报告中可以明显发现 BIM 深度应用企业（BIM 应用率超过 30% 的企业）占比越来越高。McGraw-Hill 的 *BIM Smart Market Report* 中的 BIM 与业务高度融合的总承包企业比例（数据源自全球 727 个总承包商的调查问卷）如图 1-2 所示。

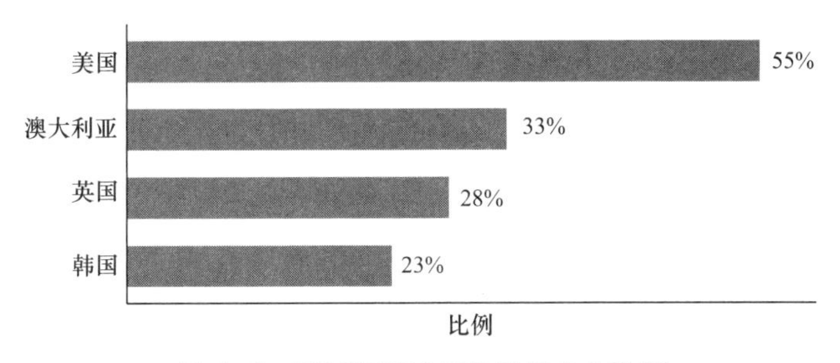

图 1-2 BIM 深度应用总承包企业比例

从“十五”期间开始，我国科技部在国家层面通过持续科研立项逐步深入研究，有力推动了 BIM 在我国的发展和应用落地。住房和城乡建设部于 2015 年发布了《关于推进建筑信息模型应用的指导意见》（建质函〔2015〕159 号），明确了 BIM 技术在建筑领域应用的指导思想、基本原则和发展目标，提出到 2020 年末，以国有资金投资为主的大中型建筑以及申报绿色建筑的公共建筑和绿色生态示范小区新立项项目勘察设计、施工、运营维护中，集成应用 BIM 的项目比例达到 90%。2016 年，住房和城乡建设部发布了《2016—2020年建筑业信息化发展纲要》（建质函〔2016〕183号），明确指出要积极推进“互联网+”和建筑行业的转型升级，着重推动包括BIM技术在内的五大信息技术，同时在主要任务中对于企业信息化要求强调深入研究BIM技术。住房和城乡建设部先后发布的多条BIM相关推广政策中，既有针对BIM技术推广的政策性要求，又有具体项目的推进目标，还有从技术层面上对于工程全过程BIM应用的指导性意见。通过政策引起全国各地建筑领域相关部门对于BIM技术的重视。

国内各地也先后发布专门的BIM指导文件、制定BIM标准等，推动BIM技术在各地区的推广。2014年9月，广东省住房和城乡建设厅发布了《关于开展建筑信息模型BIM技术推广应用工作的通知》，提出到2020年底，全省建筑面积2万m^2及以上的建筑工程项目普遍应用BIM技术。2014年10月，上海市人民政府办公厅发布了《关于在上海市推进BIM技术应用的指导意见》（沪府办发〔2014〕58号），计划到2017年，上海市规模以上（投资1亿元以上或建筑面积2万m^2以上）政府投资工程全部应用BIM技术，规模以上社会投资工程普遍应用BIM技术。而《深圳市人民政府办公厅关于印发加快推进建筑信息模型（BIM）技术应用的实施意见（试行）的通知》中要求，2023年1月1日起，全市所有新建（立项、核准备案）工程项目（投资额1000万元以上、建筑面积1000m^2以上）全面实施BIM技术应用，进一步扩展了BIM技术应用项目范围。北京市虽然没有正式发布BIM相关指导意见，但2014年颁布了《民用建筑信息模型设计标准》DB11/T 1069—2014，并从2018年开始持续开展了BIM示范工程申报与验收工作。

目前，BIM技术在北京、上海、广州、深圳等一线城市的应用已十分广泛，遍布工业、交通业、农业等生活的各个方面。据统计，2020年上海市新建规模以上项目BIM应用率已达到95%。在中西部地区如武汉、西安等地，随着政策、规范的完善，也已经开始通过试点，分阶段、分步骤推行BIM技术。总体来说，BIM技术应用已经呈现出从聚焦设计阶段向施工阶段深化应用转变、从单点技术应用向项目管理应用转变、从单机应用向基于协同平台的多方协同应用转变的整体趋势。

1.2 保障性住房建设形势

保障性住房是指政府为低收入住房困难家庭或新市民、青年人所提供的限定标准、限定价格或租金的住房，是与商品性住房相对应的一个概念，具有鲜明的民生属性。2021年6月，国务院发布了《关于加快发展保障性租赁住房的意见》（国办发〔2021〕22号），其中提出扩大保障性租赁住房供给，缓解住房租赁市场结构性供给不足，推动建立多主体供给、多渠道保障、租购并举的住房制度，推进以人为核心的新型城镇化，促进实现全体人民住有所居。第一次明确了国家层面的住房保障体系的顶层设计，今后国家的住房保障体系以公租房、保障性租赁住房和共有产权住房为主体。

北京市被认定为全国首批装配式建筑示范城市，2017年，新建保障性住房全部采用新标准实施装配式建筑，确立了以内装工业化、结构产业化、绿色节能环保技术应用为核心内容的保障性住房产业化实施路径，在保障性住房中实施绿色建筑行动、住宅产业化全覆盖。截至目前，累计实施装配式建筑的保障性住房项目共计3100万m^2，房源36万套。2022年3月，北京市人民政府办公厅印发《北京市关于加快发展保障性租赁住房的实施方案》（京政办发〔2022〕9号），方案明确提出，“十四五”期间，争取建设筹集保障性租赁住房40万套（间），占新增住房供应总量的比例达到40%，新市民、青年人等群体住房困难问题得到有效缓解，促进实现全市人民住有所居。

2021年11月23日，上海市政府新闻办举行市政府新闻发布会，会上介绍了《关于加快发展本市保障性租赁住房的实施意见》相关情况并指出，“十四五”期间，计划新增建设筹措保障性租赁住房47万套（间）以上，达到同期新增住房供应总量的40%以上；到“十四五”末，全市将累计建设筹措保障性租赁住房60万套（间）以上，其中40万套（间）左右形成供应，较大程度上缓解新市民、青年人的住房困难。按照今明两年多做快做的总体安排，2021—2022年计划建设筹措保障性租赁住房24万套（间），完成“十四五”目标总量的一半以上。

根据《广州市人民政府办公厅关于进一步加强住房保障工作的意见》（穗府办〔2021〕6号），到2025年，全面完成66万套保障性住房建设筹集任务（含公租房3万套、保障性租赁住房60万套、共有产权住房3万套）；逐步提高户籍中等偏下收入住房困难家庭的住房保障标准，帮助新市民、青年人等缓解住房困难。

2021年10月，浙江省政府出台了《关于加快发展保障性租赁住房的指导意见》，明确了“十四五”期间浙江省建设筹集120万套（间）保障性租赁住房的目标任务。2021年浙江省已经建设筹集保障性租赁住房17.4万套（间），2022年将进一步加大力度，计划建设筹集30万套（间）。

2022年3月发布的《深圳市住房发展“十四五”规划》提出，“十四五”规划期内计划建设筹集公共住房54万套（间），其中，公共租赁住房6万套（间）、保障性租赁住房40万套（间）、共有产权住房8万套。供应分配公共住房34万套（间），公共住房包括公共租赁住房6万套（间）、保障性租赁住房20万套（间）、共有产权住房8万套。供应分配保障性租赁住房占供应分配住房总量的比例不低于30%。

其他各地也陆续出台相关政策，加快发展保障性住房，致力于解决好大城市新市民、青年人等群体住房困难问题。从以上数据可以看出，“十四五”期间，各地在保障性住房方面的规划，与以往任何时候相比，无论是在数量还是在规模上都有大幅增长。

1.3 保障性住房 BIM 应用相关政策标准

面对居住产品升级趋势，保障性住房建设也在居住者的使用感受、功能需求的满足以及设计的多功能性、变化性等方面提出了更高的要求。实现保障性住房建设的标准化设计、信息化管理与工业化建设，是提高建设质量、缩短项目工期、控制成本等要求的重要手段。另外，绝大多数保障性住房采用装配式建筑形式，非常适合全过程应用 BIM 技术，从部品部件到户型设计，从楼栋组合到社区配套，BIM 技术应用可为保障性住房的标准化、精细化、数字化设计持续助力。因此，BIM 技术已广泛应用于保障性住房项目建设的设计、施工准备、施工实施各个阶段，部分地区还针对保障性住房出台了 BIM 相关政策标准。

政策方面，以上海市为例，2016 年发布了《关于本市保障性住房项目实施建筑信息模型技术应用的通知》（沪建建管〔2016〕250 号）和《关于印发〈本市保障性住房项目应用建筑信息模型技术实施要点〉的通知》（沪建建管〔2016〕1124 号）2 项政策文件，将应用阶段细分为设计（设计阶段包括方案设计、初步设计和施工图设计 3 个阶段）、施工准备、构件预制、施工实施和运维 5 个子阶段，BIM 应用细分为 30 个应用项，应用项分为必选项和可选项，完成全部必选项和一项可选项为每个子阶段完成的标志，如表 1-1 所示；应用 BIM 技术的保障性住房项目实施中需增加的费用，根据应用阶段、内容和规模不同，可以按照一定标准计入成本，各个阶段的补贴标准如表 1-2 所示。全部应用完成后，建设单位向 BIM 推广中心申请组织专家验收，达到应用要求的，BIM 推广中心出具《上海市保障性住房项目 BIM 技术应用验收合格意见书》（以下简称《意见书》）。验收合格后，建设单位可凭《意见书》在项目回购中将 BIM 应用费用计入成本。2018 年上海市发布了《关于发布〈上海市保障性住房项目 BIM 技术应用验收评审标准〉的通知》（沪建建管〔2018〕299 号），对保障性住房 BIM 技术应用验收标准作了详细规定。

上海市保障性住房项目 BIM 技术应用项汇总表　　表 1-1

应用阶段		BIM 技术应用内容	必选 / 可选
设计阶段	方案设计阶段	场地分析	可选
		建筑性能模拟分析	可选
		设计方案比选	必选

续表

应用阶段		BIM 技术应用内容	必选 / 可选
设计阶段	初步设计阶段	建筑结构专业模型构建	必选
		建筑结构平立剖面检查	必选
		面积明细表统计	可选
	施工图设计阶段	各专业模型构建	必选
		冲突检测及三维管线综合	必选
		竖向净空优化	必选
		虚拟仿真漫游	可选
		建筑专业辅助施工图设计	可选
施工阶段	施工准备阶段	施工深化设计	必选
		施工方案模拟	必选
		构件预制加工	必选
	施工实施阶段	虚拟进度和实际进度对比	可选
		工程量统计	可选
		设备和材料管理	可选
		质量安全管理	必选
		竣工模型构建	必选
运维阶段	运维阶段	运维系统建设	必选
		建筑设备运行管理	必选
		空间管理	可选
		资产管理	可选
构件预制阶段	构件预制阶段	预制构件深化建模	必选
		预制构件的碰撞检查	必选
		BIM 模型导出预制构件加工图	可选
		预制构件材料统计	必选
		BIM 模型指导构件生产	必选
		预制构件安装模拟	必选
		预制构件信息管理	可选

上海市保障性住房 BIM 应用补贴标准　　表 1-2

序号	应用阶段	费用标准
1	设计	5 元 /m^2
2	施工准备	6 元 /m^2
3	构件预制	5 元 /m^2

续表

序号	应用阶段	费用标准
4	施工实施	4 元 /m^2
5	运维	5 元 /m^2

标准方面，沈阳市 2018 年发布了《装配式混凝土建筑预制构件 BIM 建模标准》DB2101/T0003—2018，辽宁省 2019 年发布了《装配式建筑信息模型应用技术规程》DB21/T 3177—2019，深圳市 2020 年发布了《深圳市装配式混凝土建筑信息模型技术应用标准》T/BIAS 8—2020，另外，上海市 2018 年和 2020 年分别发布了《上海市预制装配式混凝土建筑设计、生产和施工 BIM 技术应用指南》（2018 版）、《上海市保障性住房项目 BIM 技术应用验收评审标准》和《上海市房屋建筑施工图、竣工建筑信息模型和交付要求（试行）》，对装配式建筑、保障性住房的 BIM 建模与应用提出了详细的技术要求。

1.4 保障性住房 BIM 应用监管的作用和意义

为了深化“放管服”改革和优化营商环境，不少地区开始实施建设工程施工图审查制度改革，例如，北京市规划和自然资源委员会等五部门印发《北京市关于深化建设工程施工图审查制度改革实施方案》，方案规定，自公布实施改革之日起，北京市行政区域范围内新建、扩建、改建房屋建筑不再开展施工图事前审查，各项行政许可和政务服务事项不再将施工图审查结果作为前置条件和申报要件。建立北京市施工图数字化监管平台，实现施工图告知承诺、联合抽查全流程网上办理，抽查结果线上告知，存档备查施工图与相关行业主管部门实时共享共用，做到政府监督全过程无打扰。推广数字化协同设计，加快推进建筑信息模型（BIM）技术在工程勘察、设计、施工全生命周期的集成应用。积极推进人工智能审图系统研发试点，逐步形成可靠的智能审图能力，提升审查效率和质量。湖南、山西、深圳、广州等多地也陆续出台施工图数字化审查、BIM 审图相关政策文件。

在政府监管的其他环节，多地也出台了相应政策。例如，在招标投标方面，上海市发布了《上海市建筑信息模型技术应用咨询服务招标和合同示范文本》（2015 版）、《上海市建设工程设计招标文本编制涉及建筑信息模型技术应用服务的补充示范条款》（2017 版）等 8 项涉及 BIM 技术应用服务的示范文本或补充示范条款，针对房屋建筑工程设计、施工、监理、咨询服务招标活动中的 BIM 技术服务条款进行规范。江苏省发布了《关于推进房屋建筑和市政基础设施项目工程总承包发展实施意见的通知》，规定建设单位可在工程总承包招标文件中对BIM技术应用提出明确要求，鼓励在评标办法中予以评审和加分，并合理安排专项实施费用。在竣工验收方面，上海市发布了《关于进一步加强上海市建筑信息模型技术推广应用的通知》，规定在竣工验收环节，建设单位应当组织编制BIM竣工模型和相关资料进行交付验收，验收报告应当增加BIM技术应用方面的验收意见，并在竣工验收备案中，填写BIM技术应用成果信息。

在监管实践方面，2019年，上海市在《上海市房屋建筑施工图、竣工建筑信息模型建模和交付要求（试行）》的基础上，开发了“一网通办——上海市工程建设项目审批管理系统（建设工程联审共享平台）”，对施工图BIM模型审查开展试点工作；湖南省住房和城乡建设厅发布了《关于开展全省房屋建筑工程施工图BIM审查试点工作通知》（湘建设〔2020〕111号），规定从2020年8月1日起，全省房屋建筑工程施工图BIM审查功能正式上线运行，建设单位及勘察设计企业可登录系统申报BIM审查，申报BIM审查应同步上传二维施工图和BIM模型，施工图审查机构一并对二维施工图和BIM模型进行审查；广州市住房和城乡建设局发布了《关于试行开展房屋建筑工程施工图三维（BIM）电子辅助审查工作的通知》，规定自2020年10月1日起，BIM审查系统开始试运行，试运行期间建设单位申报施工图审查时应同步提交BIM模型进行BIM审查；广州市正在建设“城建档案BIM资源管理、服务一体化平台”，实现在线接收、存储建设单位移交的建设工程BIM模型文件，提供WEB端模型在线轻量化浏览服务，并预留与建设工程电子档案挂接接口，为BIM查档奠定技术基础；苏州市2019年9月开始建设“苏州市建设项目全程BIM监管平台”，建立基于应用BIM技术的项目立项、设计方案、招标投标、质量安全监管、工程验收、审计和档案等环节的一体化审批监管平台。

此外，由于保障性住房的BIM应用费用会在政府回购时将相关费用计入成本，涉及财政补贴的财务审计，因此对BIM应用成果质量要求较高，目前各地仅在项目验收后对BIM成果进行验收，如果过程中存在应用不到位的情况，验收时遇到问题再整改难度极大。保障性住房BIM应用监管领域目前处于空白，无法对项目实际应用BIM过程情况进行实时掌控和跟踪，这不仅会导致最终BIM验收评审成果质量难以保证，影响保障性住房BIM技术应用的推广效果，甚至会给回购时的财务审计工作带来极大的风险。

本书在上海市保障性住房BIM监管实践经验的基础上，初步建立了保障性住房BIM技术应用过程监管体系，明确了BIM技术成果过程交付要求，形成了保障性住房BIM全过程监管标准，并通过示范项目对保障性住房BIM技术应用监管要点进行验证。

第 2 章

全过程监管组织

保障性住房 BIM 技术应用全过程监管，指的是各级保障性住房建设行政管理部门及其委托的部门，组成工程监管组，依据有关法律法规规章和规范性文件以及工程建设强制性标准，对工程参建各方和人员在项目立项、工程招标投标、方案设计、初步设计、施工图设计、施工准备、构件预制、施工实施、竣工验收、运维等阶段或环节的 BIM 技术应用情况进行的监督检查管理活动。

2.1 监管工作范围和分工

2.1.1 监管工作范围

保障性住房 BIM 全过程应用监管工作的范围，包括满足当地 BIM 应用推广范围的建设工程项目，以上海市为例，包括总投资额 1 亿元及以上或者单体建筑面积 2 万 m^2 及以上（以下简称规模以上）的新建、改建、扩建的建设工程；或者各区政府及特定区域管委会规定的上述范围外的建设工程。

2.1.2 监管工作分工

保障性住房 BIM 全过程应用监管通常由当地住房和城乡建设管理部门全面负责，当地住房保障机构、规划和土地管理局、审图机构、建设工程安全质量监督站、城建档案部门等政府部门共同参与，抽调专业监管人员组成监管组进行推进。

监管工作也可聘请第三方行业专家参与，也可委托或部分委托第三方社会机构实施。采取随机抽查、飞行检查的方式进行。监管工作强调对 BIM 模型、应用成果、机制流程、应用效益的综合检查，通过抽查 BIM 模型、BIM 信息、BIM 应用成果及报建、招标投标、合约等资料的方式，发现并纠正 BIM 应用过程中的不规范行为。

2.2　监管原则和流程

本书结合保障性住房项目审批流程、保障性住房 BIM 应用流程，对现有流程体系进行整合，融入 BIM 技术应用，主要原则包括：

① BIM 模型质量监管包括主控项目和一般项目。

② BIM 模型的质量检查，可根据模型元素的特点在下列抽样方案中选取：

a. 计量、计数或计量—计数的抽样方案；

b. 一次、二次或多次抽样方案；

c. 对重要的检查元素，当有简易快速的检验方法时，选用全数检验方案；

d. 经实践证明有效的抽样方案。

③ BIM 模型抽样样本应随机抽取，满足分布均匀、具有代表性的要求，抽样数量应符合有关标准文件的规定。

第3章

全过程监管内容

根据《上海市保障性住房项目 BIM 技术应用验收评审标准》，验收内容包括 BIM 应用项和 BIM 技术应用验收报告两部分，其中 BIM 应用项又分为 BIM 模型和 BIM 应用两大部分，验收报告包括 5 部分：①组织模式和建模方式；② BIM 实施团队和人员；③应用成果；④ BIM 费用情况；⑤应用效益。考虑到组织模式和建模方式在项目方案评审时已经确定，且在后续项目执行过程中通常保持不变，本书将验收标准中的分项重新梳理，将保障性住房 BIM 技术应用监管的内容概括为以下 4 个方面：① BIM 模型；② BIM 应用成果；③ BIM 应用流程；④ BIM 应用效益。

3.1 BIM 模型监管内容

根据《上海市建筑信息模型技术应用指南》（2017 版）和《上海市预制装配式混凝土建筑设计、生产、施工 BIM 技术应用指南》（2018 版），建筑项目各阶段主要 BIM 模型包括方案设计模型、初步设计模型、施工图模型、施工深化模型、竣工模型、运维模型 6 个阶段模型，模型监管内容包括 BIM 模型和信息两个方面。下面分别对 6 个阶段模型的监管内容进行阐述。

3.1.1 方案设计模型监管内容

1. 建筑专业

（1）BIM 模型内容

① 场地：场地边界（用地红线、高程、正北）、地形表面、建筑地坪、场地道路等。

② 建筑功能区域划分：主体建筑、停车场、广场、绿地等。

③ 建筑空间划分：主要房间、出入口、垂直交通运输设施等。

④ 建筑主体外观形状、位置等。

（2）基本信息内容

① 场地：地理区位、水文地质、气候条件等。

② 主要技术经济指标：建筑总面积、占地面积、建筑层数、建筑高度、建筑等级、容积率等。

③ 建筑类别与等级：防火类别、防火等级、人防类别等级、防水防潮等级等。

2. 结构专业

（1）BIM 模型内容

① 混凝土结构主要构件布置：柱、梁、剪力墙等。

② 钢结构主要构件布置：柱、梁等。

③ 其他结构主要构件布置。

（2）基本信息内容

① 自然条件：场地类别、基本风压、基本雪压、气温等。

② 主要技术经济指标：结构层数、结构高度等。

③ 建筑类别与等级：结构安全等级、建筑抗震设防类别、钢筋混凝土结构抗震等级等。

3.1.2 初步设计模型监管内容

1. 建筑专业

（1）BIM 模型内容

① 主要建筑构造部件的基本尺寸、位置：非承重墙、门窗（幕墙）、楼梯、电梯、自动扶梯、阳台、雨篷、台阶等。

② 主要建筑设备的大概尺寸（近似形状）、位置：卫生器具等。

③ 主要建筑装饰构件的大概尺寸（近似形状）、位置：栏杆、扶手等。

（2）基本信息内容

① 增加主要建筑构件材料信息。

② 增加建筑功能和工艺等特殊要求：声学、建筑防护等。

2. 结构专业

（1）BIM 模型内容

① 基础的基本尺寸、位置：桩基础、筏形基础、独立基础等。

② 混凝土结构主要构件的基本尺寸、位置：柱、梁、剪力墙、楼板等。

③ 钢结构主要构件的基本尺寸、位置：柱、梁等。

④ 空间结构主要构件的基本尺寸、位置：桁架、网架等。

⑤ 主要结构洞大概尺寸、位置。

⑥ 预制构件的基本尺寸、位置：预制梁、预制剪力墙、预制柱等。

（2）基本信息内容

① 增加特殊结构及工艺等要求：新结构、新材料及新工艺等。

② 增加预制构件拆分信息。

3. 暖通专业

（1）BIM 模型内容

① 主要设备的基本尺寸、位置：冷水机组、新风机组、空调器、通风机、散热器等。

② 主要管道、风道干管的基本尺寸、位置，以及主要风口位置。

③ 主要附件的大概尺寸（近似形状）、位置：阀门、计量表、开关、传感器等。

（2）基本信息内容

① 系统信息：热负荷、冷负荷、风量、空调冷热水量等基础信息。

② 设备信息：主要性能数据、规格信息等。

③ 管道信息：管材信息及保温材料等。

4. 给水排水专业

（1）BIM 模型内容

① 主要设备的基本尺寸、位置：锅炉、冷冻机、换热设备、水箱水池等。

② 主要构筑物的大概尺寸、位置：闸门井、水表井、检查井等。

③ 主要干管的基本尺寸、位置。

④ 主要附件的大概尺寸（近似形状）、位置：阀门、计量表、开关等。

（2）基本信息内容

① 系统信息：水质、水量等。

② 设备信息：主要性能数据、规格信息等。

③ 管道信息：管材信息等。

5. 电气专业

（1）BIM 模型内容

① 主要设备的基本尺寸、位置：机柜、配电箱、变压器、发电机等。

② 其他设备的大概尺寸（近似形状）、位置：照明灯具、视频监控、报警器、警

铃、探测器等。

（2）基本信息内容

① 系统信息：负荷容量、控制方式等。

② 设备信息：主要性能数据、规格信息等。

③ 电缆信息：材质、型号等。

3.1.3 施工图模型监管内容

1. 建筑专业

（1）BIM 模型内容

① 主要建筑构造部件深化尺寸、定位信息：非承重墙、门窗（幕墙）、楼梯、电梯、自动扶梯、阳台、雨篷、台阶等。

② 其他建筑构造部件的基本尺寸、位置：夹层、天窗、地沟、坡道等。

③ 主要建筑设备和固定家具的基本尺寸、位置：卫生器具等。

④ 大型设备吊装孔及施工预留孔洞等的基本尺寸、位置。

⑤ 主要建筑装饰构件的大概尺寸（近似形状）、位置：栏杆、扶手、功能性构件等。

⑥ 细化建筑经济技术指标的基础数据。

（2）基本信息内容

① 增加主要建筑构件技术参数和性能（防火、防护、保温等）。

② 增加主要建筑构件材质等。

③ 增加特殊建筑造型和必要的建筑构造信息。

2. 结构专业

（1）BIM 模型内容

① 基础深化尺寸、定位信息：桩基础、筏形基础、独立基础等。

② 混凝土结构主要构件深化尺寸、定位信息：柱、梁、剪力墙、楼板等。

③ 钢结构主要构件深化尺寸、定位信息：柱、梁、复杂节点等。

④ 空间结构主要构件深化尺寸、定位信息：桁架、网架、网壳等。

⑤ 结构其他构件的基本尺寸、位置：楼梯、坡道、排水沟、集水坑等。

⑥ 主要预埋件布置。

⑦ 主要设备孔洞准确尺寸、位置。

⑧ 混凝土构件配筋信息。

⑨ 预制构件深化尺寸、定位信息：预制楼板、预制梁、预制剪力墙等。

⑩ 增加底部加强区结构布置方案：配筋信息、特殊构件信息、节点连接信息等。

（2）基本信息内容

① 增加结构设计说明。

② 增加结构材料种类、规格、组成等。

③ 增加结构物理力学性能。

④ 增加结构施工或构件制作安装要求等。

⑤ 增加预制构件材料种类、规格、组成等。

⑥ 增加预制构件生产、施工及安装要求。

⑦ 增加预制构件辅材要求：砂浆、金属构件、模板、连接件等。

⑧ 增加预制构件堆放、运输要求。

⑨ 增加现浇节点施工要求。

3. 暖通专业

（1）BIM模型内容

① 主要设备深化尺寸、定位信息：冷水机组、新风机组、空调器、通风机、散热器、水箱等。

② 其他设备的基本尺寸、位置：伸缩器、入口装置、减压装置、消声器等。

③ 主要管道、风道深化尺寸、定位信息（如管径、标高等）。

④ 次要管道、风道的基本尺寸、位置。

⑤ 风道末端（风口）的大概尺寸、位置。

⑥ 主要附件的大概尺寸（近似形状）、位置：阀门、计量表、开关、传感器等。

⑦ 固定支架等大概尺寸（近似形状）、位置。

（2）基本信息内容

① 增加系统信息：系统形式、主要配置信息、工作参数要求等。

② 增加设备信息：主要技术要求、使用说明等。

③ 增加管道信息：设计参数、规格、型号等。

④ 增加附件信息：设计参数、材料属性等。

⑤ 增加安装信息：系统施工要求、设备安装要求、管道敷设方式等。

4. 给水排水专业

（1）BIM模型内容

① 主要设备深化尺寸、定位信息：锅炉、冷冻机、换热设备、水箱水池等。

② 给水排水干管、消防水管道等深化尺寸、定位信息（如管径、埋设深度或敷设标高、管道坡度等）。管件（弯头、三通等）的基本尺寸、位置。

③ 给水排水支管的基本尺寸、位置。

④ 管道末端设备（喷头等）的大概尺寸（近似形状）、位置。

⑤ 主要附件的大概尺寸（近似形状）、位置：阀门、计量表、开关等。

⑥ 固定支架等大概尺寸（近似形状）、位置。

（2）基本信息内容

① 增加系统信息：系统形式、主要配置信息等。

② 增加设备信息：主要技术要求、使用说明等。

③ 增加管道信息：设计参数（流量、水压等）、接口形式、规格、型号等。

④ 增加附件信息：设计参数、材料属性等。

⑤ 增加安装信息：系统施工要求、设备安装要求、管道敷设方式等。

5. 电气专业

（1）BIM 模型内容

① 主要设备深化尺寸、定位信息：机柜、配电箱、变压器、发电机等。

② 其他设备的大概尺寸（近似形状）、位置：照明灯具、视频监控、报警器、警铃、探测器等。

③ 主要桥架（线槽）的基本尺寸、位置。

（2）基本信息内容

① 增加系统信息：系统形式、联动控制说明、主要配置信息等。

② 增加设备信息：主要技术要求、使用说明等。

③ 增加电缆信息：设计参数（负荷信息等）、线路走向、回路编号等。

④ 增加附件信息：设计参数、材料属性等。

⑤ 增加安装信息：系统施工要求、设备安装要求、线缆敷设方式等。

3.1.4 施工深化模型监管内容

1. 建筑专业

（1）BIM 模型内容

① 建筑构造部件的精确尺寸、位置：非承重墙、门窗（幕墙）、楼梯、电梯、自动扶梯、阳台、雨篷、台阶、夹层、天窗、地沟、坡道、翻边等。

② 主要建筑设备和固定家具的精确尺寸、位置：卫生器具、隔断等。

③ 大型设备吊装孔及施工预留孔洞等的精确尺寸、位置。

④ 主要建筑装饰构件的基本尺寸、位置：栏杆、扶手、功能性构件等。

（2）基本信息内容

① 修改主要建筑设备选型。

② 修改主要建筑构件施工或安装要求。

③ 增加主要装修装饰做法信息。

2. 结构专业

（1）BIM模型内容

① 主要构件的精确尺寸、位置：基础、结构梁、结构柱、结构板、结构墙、桁架、网架、钢平台夹层等。

② 其他构件深化尺寸、定位信息：楼梯、坡道、排水沟、集水坑等。

③ 预留洞口等的大概尺寸（近似形状）、位置。

④ 预制构件连接节点深化尺寸、定位信息。

⑤ 预埋件、预埋管、预埋螺栓等信息。

⑥ 增加预制构件钢筋尺寸、定位信息。

（2）基本信息内容

① 修改主要结构构件材料信息。

② 修改主要结构构件施工要求。

③ 修改预制结构构件施工要求。

④ 增加节点编号、节点区材料信息。

⑤ 增加预制构件钢筋信息（等级、规格等）。

⑥ 增加节点区预埋信息等。

3. 暖通专业

（1）BIM模型内容

① 主要设备的精确尺寸、位置：冷水机组、新风机组、空调器、通风机、散热器、水箱等。

② 其他设备深化尺寸、定位信息：伸缩器、入口装置、减压装置、消声器等。

③ 管道、风道的精确尺寸、位置（如管径、标高等）。

④ 主要设备和管道、风道的连接。

⑤ 风道末端（风口）的大概尺寸、位置。

⑥ 主要附件的大概尺寸（近似形状）、位置：阀门、计量表、开关、传感器等。

⑦ 固定支架等大概尺寸（近似形状）、位置。

（2）基本信息内容

① 修改系统信息：选型、施工工艺或安装要求等。

② 修改设备信息：选型、施工工艺或安装要求等。

③ 修改管道信息：选型、施工工艺或安装要求、连接方式等。

④ 修改附件信息：选型、安装要求、连接方式等。

4. 给水排水专业

（1）BIM 模型内容

① 主要设备的精确尺寸、位置：锅炉、冷冻机、换热设备、水箱水池等。

② 给水排水管道、消防水管道的精确尺寸、位置（如管径、标高等）。

③ 主要设备和管道的连接。

④ 管道末端设备（喷头等）大概尺寸（近似形状）、位置。

⑤ 主要附件的大概尺寸（近似形状）、位置：阀门、计量表、开关等。

⑥ 固定支架等大概尺寸（近似形状）、位置。

（2）基本信息内容

① 修改系统信息：选型、施工工艺或安装要求等。

② 修改设备信息：选型、施工工艺或安装要求等。

③ 修改管道信息：选型、施工工艺或安装要求、连接方式等。

④ 修改附件信息：选型、安装要求、连接方式等。

5. 电气专业

（1）BIM 模型内容

① 主要设备的精确尺寸、位置：机柜、配电箱、变压器、发电机等。

② 其他设备的大概尺寸（近似形状）、位置：照明灯具、视频监控、报警器、警铃、探测器等。

③ 主要桥架（线槽）的精确尺寸、位置。

（2）基本信息内容

① 修改系统信息：选型、施工工艺或安装要求等。

② 修改设备信息：选型、施工工艺或安装要求等。

③ 修改电缆信息：选型、施工工艺或安装要求、连接方式等。

④ 修改附件信息：选型、安装要求、连接方式等。

3.1.5 竣工模型监管内容

1. 建筑专业

（1）BIM模型内容

① 建筑构造部件的实际尺寸、位置：非承重墙、门窗（幕墙）、楼梯、电梯、自动扶梯、阳台、雨篷、台阶、夹层、天窗、地沟、坡道等。

② 主要建筑设备和固定家具的实际尺寸、位置：卫生器具、隔断等。

③ 大型设备吊装孔及施工预留孔洞等的实际尺寸、位置。

④ 主要建筑装饰构件的实际尺寸、位置：栏杆、扶手等。

（2）基本信息内容

① 修改主要构件和设备实际实施过程：施工信息、安装信息等。

② 增加主要构件和设备产品信息：材料参数、技术参数、生产厂家、出厂编号等。

③ 增加大型构件采购信息：供应商、计量单位、数量（如表面积、个数等）、采购价格等。

2. 结构专业

（1）BIM模型内容

① 主要构件的实际尺寸、位置：基础、结构梁、结构柱、结构板、结构墙、桁架、网架、钢平台夹层等。

② 其他构件的实际尺寸、位置：楼梯、坡道、排水沟、集水坑等。

③ 主要预埋件、预留洞口等的近似形状、实际位置。

④ 其他预制构件的实际尺寸、位置。

（2）基本信息内容

① 修改主要构件实际实施过程：施工信息、安装信息、连接信息等。

② 增加主要构件产品信息：材料参数、技术参数、生产厂家、出厂编号等。

③ 增加大型构件采购信息：供应商、计量单位、数量（如表面积、体积等）、采购价格等。

3. 暖通专业

（1）BIM模型内容

① 主要设备的实际尺寸、位置：冷水机组、新风机组、空调器、通风机、散热器、水箱等。

② 其他设备的实际尺寸、位置：伸缩器、入口装置、减压装置、消声器等。

③ 管道、风道的实际尺寸、位置（如管径、标高等）。

④ 主要设备和管道、风道的实际连接。

⑤ 风道末端（风口）的近似形状、基本尺寸、实际位置。

⑥ 主要附件的近似形状、基本尺寸、实际位置：阀门、计量表、开关、传感器等。

⑦ 固定支架等近似形状、基本尺寸、实际位置。

（2）基本信息内容

① 修改主要设备和管道实际实施过程：施工信息、安装信息、连接信息等。

② 增加主要设备、管道和附件产品信息：材料参数、技术参数、生产厂家、出厂编号等。

③ 增加主要设备、管道和附件采购信息：供应商、计量单位、数量（如长度、体积等）、采购价格等。

4. 给水排水专业

（1）BIM 模型内容

① 主要设备的实际尺寸、位置：锅炉、冷冻机、换热设备、水箱水池等。

② 给水排水管道、消防水管道的实际尺寸、位置（如管径、标高等）。

③ 主要设备和管道的实际连接。

④ 管道末端设备（喷头等）的近似形状、基本尺寸、实际位置。

⑤ 主要附件的近似形状、基本尺寸、实际位置：阀门、计量表、开关等。

⑥ 固定支架等近似形状、基本尺寸、实际位置。

（2）基本信息内容

① 修改主要设备和管道实际实施过程：施工信息、安装信息、连接信息等。

② 增加主要设备、管道和附件产品信息：材料参数、技术参数、生产厂家、出厂编号等。

③ 增加主要设备、管道和附件采购信息：供应商、计量单位、数量（如长度、体积等）、采购价格等。

5. 电气专业

（1）BIM 模型内容

① 主要设备的实际尺寸、位置：机柜、配电箱、变压器、发电机等。

② 其他设备的近似形状、基本尺寸、实际位置：照明灯具、视频监控、报警器、警铃、探测器等。

③ 桥架（线槽）的实际尺寸、位置。

（2）基本信息内容

① 修改主要设备和桥架（线槽）实际实施过程：施工信息、安装信息、连接信息等。

② 增加主要设备、桥架（线槽）和附件产品信息：材料参数、技术参数、生产厂家、出厂编号等。

③ 增加主要设备、桥架（线槽）和附件采购信息：供应商、计量单位、数量（如长度、体积等）、采购价格等。

3.1.6 运维模型监管

1. 建筑专业

（1）BIM 模型内容

① 建筑构造部件的实际尺寸和位置：非承重墙、门窗（幕墙）、楼梯、电梯、自动扶梯、阳台、雨篷、台阶、夹层、天窗、地沟、坡道等。

② 主要建筑设备和固定家具的实际尺寸、位置：卫生器具、隔断等。

③ 主要建筑装饰构件的实际尺寸、位置：栏杆、扶手等。

④ 建筑构造部件预留孔洞的实际尺寸、位置。

（2）基本信息内容

① 增加主要构件和设备的运营管理信息：设备编号、资产属性、管理单位、权属单位等。

② 增加主要构件和设备的维护保养信息：维护周期、维护方法、维护单位、保修期、使用寿命等。

③ 增加主要构件和设备的文档存放信息：使用手册、说明手册、维护资料等。

2. 结构专业

（1）BIM 模型内容

① 主要构件的实际尺寸、位置：基础、结构梁、结构柱、结构板、结构墙、桁架、网架、钢平台夹层等。

② 其他构件的实际尺寸、位置：楼梯、坡道、排水沟、集水坑等。

③ 主要预埋件近似形状、实际位置。

④ 其他预制构件的实际尺寸、位置：预制楼梯等。

（2）基本信息内容

① 增加主要构件的运营管理信息：设备编号、资产属性、管理单位、权属单位等。

② 增加主要构件的维护保养信息：维护周期、维护方法、维护单位、保修期、使

用寿命等。

③ 增加主要构件的文档存放信息：使用手册、说明手册、维护资料等。

3. 暖通专业

（1）BIM 模型内容

① 主要设备的实际尺寸、位置：冷水机组、新风机组、空调器、通风机、散热器、水箱等。

② 其他设备的实际尺寸、位置：伸缩器、入口装置、减压装置、消声器等。

③ 管道、风道的实际尺寸、位置（如管径、标高等）。

④ 主要设备和管道、风道的实际连接。

⑤ 风道末端（风口）的近似形状、基本尺寸、实际位置。

⑥ 主要附件的近似形状、基本尺寸、实际位置：阀门、计量表、开关、传感器等。

⑦ 固定支架等近似形状、基本尺寸、实际位置。

（2）基本信息内容

① 增加系统的运营管理信息：系统编号、组成设备、使用环境（使用条件）、资产属性、管理单位、权属单位等。

② 增加系统的维护保养信息：维护周期、维护方法、维护单位、保修期、使用寿命等。

③ 增加主要设施设备的运营管理信息：设备编号、所属系统、使用环境（使用条件）、资产属性、管理单位、权属单位等。

④ 增加主要设施设备的维护保养信息：维护周期、维护方法、维护单位、保修期、使用寿命等。

⑤ 增加系统、主要设施设备的文档存放信息：使用手册、说明手册、维护资料等。

4. 给水排水专业

（1）BIM 模型内容

① 主要设备的实际尺寸、位置：锅炉、冷冻机、换热设备、水箱水池等。

② 给水排水管道、消防水管道的实际尺寸、位置（如管径、标高等）。

③ 主要设备和管道的实际连接。

④ 管道末端设备（喷头等）的近似形状、基本尺寸、实际位置。

⑤ 主要附件的近似形状、基本尺寸、实际位置：阀门、计量表、开关等。

⑥ 固定支架等近似形状、基本尺寸、实际位置。

（2）基本信息内容

① 增加系统的运营管理信息：系统编号、组成设备、使用环境（使用条件）、资产属性、管理单位、权属单位等。

② 增加系统的维护保养信息：维护周期、维护方法、维护单位、保修期、使用寿命等。

③ 增加主要设施设备的运营管理信息：设备编号、所属系统、使用环境（使用条件）、资产属性、管理单位、权属单位等。

④ 增加主要设施设备的维护保养信息：维护周期、维护方法、维护单位、保修期、使用寿命等。

⑤ 增加主要设施设备的文档存放信息：使用手册、说明手册、维护资料等。

5. 电气专业

（1）BIM模型内容

① 主要设备的实际尺寸、位置：机柜、配电箱、变压器、发电机等。

② 其他设备的近似形状、基本尺寸、实际位置：照明灯具、视频监控、报警器、警铃、探测器等。

③ 桥架（线槽）的实际尺寸、位置。

（2）基本信息内容

① 增加系统的运营管理信息：系统编号、组成设备、使用环境（使用条件）、资产属性、管理单位、权属单位等。

② 增加系统的维护保养信息：维护周期、维护方法、维护单位、保修期、使用寿命等。

③ 增加主要设施设备的运营管理信息：设备编号、所属系统、使用环境（使用条件）、资产属性、管理单位、权属单位等。

④ 增加主要设施设备的维护保养信息：维护周期、维护方法、维护单位、保修期、使用寿命等。

⑤ 增加主要设施设备的文档存放信息：使用手册、说明手册、维护资料等。

3.2 BIM应用成果监管内容

每个阶段的BIM应用项均包含必选项和可选项，考虑到不同建设单位选择的可选项可能有所不同，本书所述的应用成果监管的应用项包含所有必选项和可选项。

3.2.1 设计阶段成果

1. 方案设计阶段

（1）场地分析

1）场地模型

场地模型体现坐标信息、各类控制线、土方平衡、排水设计、道路规划、场地管网等信息。

2）场地分析报告

报告包括场地分析过程和场地设计优化方案，应体现三维场地模型图像、场地分析结果，以及对场地设计方案或工程设计方案的场地分析数据对比。

（2）建筑性能模拟分析

1）专项分析模型

专项分析模型可体现建筑的几何尺寸、位置、朝向，窗洞尺寸和位置，门洞尺寸和位置等基本信息。

2）模拟分析报告

报告包括建筑性能专项模拟分析报告及综合评估报告，应体现三维建筑信息模型图像、分项分析数据结果，以及对建筑设计方案的性能对比说明。

（3）设计方案比选

1）方案对比模型

模型应包含完整的方案设计信息，与方案图纸一致。

2）方案比选报告

有完整的方案比选报告，报告内容包括建筑基本造型、建筑方案、结构体系比选以及建筑、结构、机电匹配可行性分析。

方案设计阶段 BIM 应用成果监管内容见表 3-1。

方案设计阶段 BIM 应用成果监管内容　　表 3-1

应用项	监管内容	监管要点
场地分析	场地模型	（1）场地边界（如用地红线、高程、正北向）； （2）地形表面； （3）建筑地坪； （4）场地道路
	场地分析报告	（1）三维场地模型图像； （2）场地分析数据对比； （3）场地分析结果

续表

应用项	监管内容	监管要点
建筑性能模拟分析	专项分析模型	（1）建筑几何尺寸、位置、朝向； （2）窗洞尺寸、位置； （3）门洞尺寸、位置
	模拟分析报告	（1）三维建筑信息模型图像； （2）分项分析数据结果； （3）对建筑设计方案性能对比说明
设计方案比选	方案对比模型	（1）建筑主体外观形状； （2）建筑层数高度； （3）基本功能分隔构件
	方案比选报告	（1）建筑项目三维透视图、轴测图、剖切图等图； （2）建筑项目平面、立面、剖面图等二维图； （3）方案比选对比说明

2. 初步设计阶段

（1）建筑结构平立剖面检查

1）修改后的专业模型

模型深度和信息要求详见3.1.2节初步设计阶段的建筑专业、结构专业模型内容及其基本信息要求。

2）报告

报告包括模型修改比对报告及平立剖面检查报告、合规性检查报告，包含建筑结构整合模型的三维透视图、轴测图、剖切图等，以及通过模型剖切的平面、立面、剖面图等二维图，并对检查前后的建筑结构模型作对比说明。

（2）面积明细表统计

1）含房间面积信息的建筑专业模型

模型应体现房间面积等信息。

2）面积明细表

明细表应体现房间楼层、房间面积与体积、建筑面积与体积、建设用地面积等信息，分析经济指标要求。

初步设计阶段BIM应用成果监管内容见表3-2。

初步设计阶段BIM应用成果监管内容　　表3-2

应用项	监管内容	监管要点
建筑结构平面、立面、剖面检查	模型修改比对报告	报告包括模型修改前后截图、说明

续表

应用项	监管内容	监管要点
建筑结构平面、立面、剖面检查	平立剖面检查报告	报告包括平立剖面检查发现的问题截图及说明，以及后续整改情况
面积明细表统计	面积明细表	利用建筑模型提取房间面积信息，生成面积明细表，体现房间楼层、房间面积与体积、建筑面积与体积、建设用地面积等信息

3. 施工图设计阶段

（1）冲突检测及三维管线综合

报告包括碰撞检测报告和管综优化报告，应详细记录不同专业（结构、暖通、消防、给水排水、电气）碰撞检测及管线综合的基本原则、解决方案、优化对比说明（优化节点位置、编码及构件标注等信息）。

（2）竖向净空优化

报告应记录竖向净空优化的基本原则、优化前后对比说明（全专业、关键区域和部位的优化），优化后管线排布平面图和剖面图。

（3）虚拟仿真漫游

1）动画视频文件

视频可表达主体和专项设计效果，反映建筑物整体布局、主要空间和重要场所布置。

2）漫游文件

漫游文件包含全专业模型、动画视点和漫游路径。

（4）建筑专业辅助施工图设计

以三维模型为基础，通过剖切的方式形成平面、立面、剖面、系统、节点详图等二维断面图，补充相关二维标识，符合相关制图标准，满足审批审查、施工和竣工归档的要求；复杂局部空间借助三维透视图和轴测图进行表达。

施工图设计阶段BIM应用成果监管内容见表3-3。

施工图设计阶段BIM应用成果监管内容 表3-3

应用项	监管内容	监管要点
冲突检测及三维管线综合	碰撞检测报告	报告中详细记录不同专业（结构、暖通、消防、给水排水、电气）碰撞检测的基本原则、解决方案
	管综优化报告	报告中详细记录管线综合的基本原则、优化对比说明（优化节点位置、编码及构件标注等信息）

续表

应用项	监管内容	监管要点
竖向净空优化	净空优化报告	报告记录竖向净空优化的基本原则、优化前后对比说明（全专业、关键区域和部位的优化）
	优化后的管线排布图纸	优化后的机电管线排布平面图和剖面图
虚拟仿真漫游	动画视频文件	视频文件表达主体和专项设计效果，反映建筑物整体布局、主要空间和重要场所布置
	漫游文件	漫游文件包含全专业模型、动画视点和漫游路径
建筑专业辅助施工图设计	建筑专业施工图	包括平面、立面、剖面、系统、节点详图等，补充相关二维标识，符合相关制图标准，满足审批审查、施工和竣工归档的要求；复杂局部空间借助三维透视图和轴测图进行表达

3.2.2 施工准备阶段

1. 施工深化设计

由模型输出关键节点深化设计图纸，图纸符合政府、行业规范和合同要求，指导施工作业。

2. 施工方案模拟

（1）施工过程演示模型

模型应当表示施工过程中的活动顺序、相互关系及影响、施工资源、措施等施工管理信息。

（2）施工方案可行性报告

报告应当通过三维建筑信息模型论证施工方案的可行性，并记录不可行施工方案的缺陷与问题。

施工准备阶段BIM应用成果监管内容见表3-4。

施工准备阶段BIM应用成果监管内容 表3-4

应用项	监管内容	监管要点
施工深化设计	深化设计图	由模型输出深化节点图，图纸表达关键节点施工方法，符合政府、行业规范和合同要求，能指导施工作业
施工方案模拟	施工过程演示视频	表达工程实体和现场施工环境、施工方法和顺序，临时设施等信息
	施工方案可行性报告	论证施工方案可行性

3.2.3 构件预制阶段

1. 预制构件碰撞检查

（1）构件之间、专业之间的碰撞检查

应运用建筑主体全专业模型和预制构件全专业深化模型进行碰撞检查，对预制构件之间、预制构件安装时的支撑之间、预制构件和现浇部分之间、土建和机电之间的碰撞进行检查并修正，直到无“错漏碰缺”项。

（2）预制构件碰撞检查报告

碰撞报告应包含全部“错漏碰缺”，在报告基础上，对预制构件深化设计优化调整，形成闭环。

2. BIM模型导出预制构件加工图

（1）BIM模型导出预制构件加工图

由BIM模型直接导出构件深化设计图，图模一致，所有材料明细表均由BIM模型直接导出，图纸能完整表达构件生产的需求，并符合相关规范的要求。

（2）加工图纸深度

导出的加工图可直接交给工厂加工。

3. 预制构件（PC）材料统计

（1）PC工程量统计表

基于BIM模型对预制构件所包含的混凝土、钢筋、各种规格金属预埋件、门窗预埋、机电预埋和吊件等进行工程量统计，形成详细的工程量统计表。

（2）指导构件招标

PC工程量统计表作为构件招标的参考。

4. BIM模型指导构件生产

（1）利用BIM模型交底

利用BIM模型进行三维交底，指导构件加工，交底过程形成书面交底记录。

（2）BIM模型辅助二维图纸指导构件加工

BIM模型辅助二维图纸共同指导构件加工，指导过程形成书面现场服务记录。

5. 预制构件安装模拟

（1）装配式相关施工模拟

利用PC施工深化模型，进行一系列与装配式相关的施工模拟，主要包括场地布置、塔式起重机布置、材料运输和堆放、吊装和安装模拟等。

（2）施工组织设计优化

通过施工模拟，发现施工组织设计可能存在的问题并进行优化调整，形成闭环。

（3）施工交底

通过三维视图、模拟动画对施工班组进行技术交底，形成书面交底记录。

6. 预制构件信息管理

（1）RFID芯片或二维码管理构件

（2）构件信息与分类编码

预制构件录入的信息应包括预制构件的编号、类型、生产厂家、生产日期、主要材料等。

（3）跟踪生产、物流、堆放和安装管理

通过植入RFID芯片或粘贴二维码等方式，追踪预制构件的生产、物流、堆放和安装过程，及时了解预制构件的属性信息，追溯构件质量，形成追踪过程记录。

（4）信息更新

构件信息及时更新。

预制构件阶段BIM应用成果监管内容见表3-5。

构件预制阶段BIM应用成果监管内容　　表3-5

应用项	监管内容	监管要点
预制构件碰撞检查	碰撞检查	预制构件之间、预制构件安装时的支撑之间、预制构件与现浇部分之间、土建和机电之间的碰撞
	碰撞检查报告	形成碰撞检查报告，并对预制构件深化设计优化调整，形成闭环
BIM模型导出预制构件加工图	BIM模型导出预制构件加工图	利用BIM软件直接导出加工图，图模一致，所有材料明细表均由BIM模型直接导出
	加工图纸	图纸能完整表达构件生产的需求，并符合相关规范的要求
预制构件材料统计	工程量统计表	基于BIM模型对预制构件所包含的混凝土、钢筋、各种规格金属预埋件、门窗预埋、机电预埋和吊件等进行工程量统计，形成详细的工程量统计表
	指导构件招标	工程量统计表作为构件招标的参考
BIM模型指导构件生产	利用BIM模型交底	BIM模型交底记录
	BIM模型辅助指导构件加工	加工厂现场服务记录
预制构件安装模拟	装配式相关施工模拟	场地布置、塔式起重机布置、材料运输和堆放、吊装和安装模拟等
	施工组织设计优化	通过模拟发现问题，并对施工组织设计进行优化调整
	施工交底	通过三维视图、模拟动画对施工班组进行技术交底并形成记录

续表

应用项	监管内容	监管要点
预制构件信息管理	RFID芯片或二维码管理构件	RFID芯片或二维码
	构件信息与分类编码	预制构件的信息应包括完整的分类编码、生产厂家、生产日期、主要材料等信息
	跟踪生产、物流、堆放和安装管理	预制构件生产、物流、堆放和安装过程记录
	信息更新	构件信息及时更新

3.2.4 施工实施阶段

1. 虚拟进度与实际进度对比

（1）施工进度管理模型

模型应当准确表达构件的几何信息、施工工序、施工工艺及施工、安装信息等。

（2）施工进度控制报告

报告应当包含一定时间内虚拟模型与实际施工的进度偏差分析。

2. 工程量统计

（1）造价管理模型

模型的细度、扣减规则、构件参数信息等满足工程计量标准。

（2）工程量报表

工程量报表准确反映构件的工程量。

（3）编制说明

编制说明符合行业规范要求。

3. 设备和材料管理

（1）施工设备与材料的物流信息

在施工实施过程中，应当不断完善模型构件的产品信息及施工、安装信息。

（2）施工作业面设备与材料表

建筑信息模型可按阶段性、区域性、专业类别等要素输出不同作业面的设备与材料表。

4. 质量安全管理

（1）施工安全设施配置模型

模型应当准确表达大型机械安全操作半径、洞口临边、高空作业防坠保护措施、现场消防及临水临电的安全使用措施等。

（2）施工质量检查与安全分析报告

施工质量检查报告应当包含对虚拟模型与现场施工情况一致性的对比分析，而施工安全分析报告应当记录虚拟施工中发现的危险源与采取的措施，以及结合模型对问题的分析与解决方案。

施工实施阶段 BIM 应用成果监管内容见表 3-6。

施工实施阶段 BIM 应用成果监管内容　　表 3-6

应用项	监管内容	监管要点
虚拟进度与实际进度比对	施工进度管理模型	（1）构件几何信息； （2）施工工序； （3）安装信息等
	施工进度控制报告	基于模型开展全过程施工进度管理与优化；通过比对分析，形成施工进度控制报告，包含偏差分析和纠偏措施
工程量统计	造价管理模型	模型的细度、扣减规则、构件参数信息等满足工程计量标准
	工程量报表	工程量报表准确反映构件的工程量
	编制说明	编制说明符合行业规范要求
设备和材料管理	施工设备与材料的物流信息	模型中的设备和材料产品信息及生产、施工、安装信息在施工实施过程中不断更新完善
	施工作业面设备与材料表	按阶段性、区域性、专业类别等要素输出不同作业面的设备与材料表
质量安全管理	施工安全设施配置模型	（1）大型机械安全操作半径； （2）洞口临边； （3）高空作业、现场消防及临水临电的安全措施
	施工质量检查与安全分析报告	（1）虚拟模型与现场施工情况一致性对比分析； （2）施工中发现的危险源及应对措施

3.2.5 运维阶段

1. 运维系统建设

（1）基于 BIM 的运维管理系统

运维系统具备建筑日常管理的智能化、设备设施管理、物业管理、能源管理、安防管理、环境管理、维修维保管理等对静态和动态信息的全面管理功能，可实现空间模型定位、系统联动和流程嵌入式管理，系统搭建功能应用满足模块化设计要求，具有可扩展性。

（2）运维实施手册

有运维管理系统的操作实施手册。

（3）运行记录

有运维系统上线后至少1年的运行记录。

2. 建筑设备运行管理

（1）建筑设备运行管理方案

将建筑设备自控系统、消防系统、安防系统及其他智能化系统与运维模型结合，开展基于BIM的建筑设备的信息、运行、维保、巡检管理，形成管理方案。

（2）运行记录

有建筑设备管理系统至少1年的运行记录。

3. 空间管理

（1）空间管理系统

空间管理系统支持空间分类分区管理、占用管理、租赁管理。

（2）空间管理方案

基于BIM模型进行空间规划、空间分配、人流管理或空间状态统计分析等日常应用，形成空间管理方案。

（3）运行记录

有空间管理系统至少1年的运行记录。

4. 资产管理

（1）资产管理系统

系统功能包括资产清单、资产申请、资产入库、资产变更、资产出售、提醒管理等功能；资产模型和信息包括资产位置、用途、审批、使用状态、供应采购信息等。

（2）资产管理方案

基于建筑信息模型，进行资产统计、资产状态动态管理，建立关联资产数据库进行资产管理，形成资产管理方案。

（3）运行记录

有资产管理系统至少1年的运行记录。

运维阶段BIM应用成果监管内容见表3-7。

运维阶段BIM应用成果监管内容 表3-7

应用项	监管内容	监管要点
运维系统建设	基于BIM的运维管理系统	系统功能模块完整，可实现空间模型定位、系统联动和流程嵌入式管理
	运维实施手册	有实施手册
	运行记录	有1年以上运行记录
建筑设备运行管理	建筑设备运行管理方案	有基于BIM的建筑设备的信息、运行、维保、巡检管理方案
	运行记录	有1年以上运行记录
空间管理	空间管理系统	支持空间分类分区管理、占用管理、租赁管理
	空间管理方案	有基于BIM模型进行空间规划、空间分配、人流管理或空间状态统计分析的管理方案
	运行记录	有1年以上运行记录
资产管理	资产管理系统	支持资产清单、资产申请、资产入库、资产变更、资产出售、提醒管理等功能
	资产管理方案	有基于BIM模型进行资产统计、资产状态动态管理，建立关联资产数据库的管理方案
	运行记录	有1年以上运行记录

3.3 BIM应用流程监管内容

BIM应用流程监管内容包括：BIM组织架构、BIM实施团队和BIM机制流程。

3.3.1 BIM组织架构

1. 组织模式

推荐采用业主主导，咨询方（可由设计或施工单位代替）辅助管理，设计、施工、监理单位、预制构件厂等共同参与的组织模式。

2. 职责分工

参建各方有明确的BIM应用职责分工表，针对不同权限有明确的责任矩阵表。

3.3.2 BIM实施团队

尽量减少骨干人员变动，根据需要调整BIM团队组织架构，保证具有较高技术水平的BIM团队。

1. BIM 经理任职监管

一个项目必须配备一个 BIM 经理，BIM 经理原则上由建设单位相关人员或其委托的 BIM 咨询单位人员担任，BIM 经理有一定专业工作经验和技术管理经验。BIM 经理按照评审通过的 BIM 方案履行有关职责。建设单位定期对 BIM 经理履行岗位职责情况进行检查和考核，并作好书面记录。

BIM 经理与所属企业终止（解除）劳动关系后，必须与新上岗的 BIM 经理及时完成 BIM 工作交接。

2. BIM 团队人员任职监管

项目组必须配备满足 BIM 实施需要的 BIM 团队，包括建设单位、设计单位、施工单位、监理单位、咨询单位等参与 BIM 实施的相关人员，专业齐全，人员经验丰富。BIM 团队人员分工明确，责任到人。

3. 人员更换过程监管

从 BIM 技术应用工作开始到结束，BIM 经理不得随意更换。

当发生以下情形之一的，经建设单位分管领导同意，于 5 个工作日内更换 BIM 经理：

① 因身体原因不能胜任 BIM 工作的；

② 劳动合同到期不再续签、劳动合同解除或终止的；

③ 建设单位同意更换的。

更换后的 BIM 经理应负责做好移交衔接工作，防止项目出现 BIM 经理缺位情况。

BIM 经理发生下列行为之一的，视为未按要求履行岗位职责：

① 每月出勤少于 1 次的；

② 检查时发现，组织并参加 BIM 专题会议少于 3 次的；

③ 检查时发现，BIM 相关文件或会议签到由他人代为签署 3 处（含）以上的；

④ 未参加 BIM 阶段成果验收的；

⑤ 未履行 BIM 实施方案中规定的各项职责的。

4. BIM 团队人员变动监管

人员调入调出时应做好工作交接，并形成书面交接记录。

5. BIM 团队内部管理监管

BIM 团队应有完善的人才培养机制，应及时形成团队培养和协作的阶段总结报告。

3.3.3 BIM机制流程

有完善的管理机制和流程（如协同工作环境、工作目标、工作程序）。

1. BIM专题会议机制

通过会议形式开展BIM应用工作，对特定工作通过专题会议进行协调，参建各方共同参与。

2. BIM邮件管理机制

往来文件尽量采用电子邮件和专人传送的形式，沟通过程保留痕迹。

3. BIM应用与项目管理融合流程

将BIM工作融入项目建设全过程，如设计变更、进度管理、质量管理、投资管理等，并形成管理闭环。

4. BIM文档资料质量监管

BIM合同、BIM实施规划、BIM专项方案、BIM会议纪要、收发文件登记材料、检查记录等保存完整、有序。

3.4 BIM应用效益监管内容

BIM应用效益监管内容包括：BIM合同履行、BIM费用预算和BIM效益分析。

3.4.1 BIM合同履行

① BIM实施方按照合同约定的节点和内容及时交付BIM成果。

② 建设单位按照合同约定的节点付款。

③ 合同履行过程中遇到的问题能及时妥善解决。

3.4.2 BIM费用预算

① BIM合同有明确的BIM应用费用明细。

② 实际费用与预算费用基本一致。

③ 如有调整，有相应的预算变更审批表。

3.4.3　BIM 效益分析

① 形成科学、合理的经济效益测算方法。

② 根据测算方法，持续测算项目经济效益。

第 4 章

全过程监管方法

4.1　基于改进平衡计分卡的监管方法

4.1.1　平衡计分卡基本原理

1990 年，卡普兰（Kaplan，哈佛大学教授）和诺顿（Norton，诺朗顿研究院执行长）在对 ADI 公司绩效考核项目进行研究的过程中，首次提出了平衡计分卡（Balanced Score Card，简称 BSC）的概念，并于 1992 年在《哈佛商业评论》上发表了题为《平衡计分卡——驱动绩效指标》的文章，对平衡计分卡的理论进行了阐述，即在企业战略目标的驱动下，通过层层分解，将战略目标转变为财务价值、客户视角、内部流程、学习与发展 4 个层面，将企业战略管理和绩效管理相结合，全面衡量企业绩效。平衡计分卡的基本框架如图 4-1 所示。项目管理的 BSC 模型首先由 Stewart 提出，他强调当项目经理着眼于项目绩效相关的 4 个层面——财务、组织、顾客关系、培训与创新时，将更容易理解项目成功对于整个组织的影响。

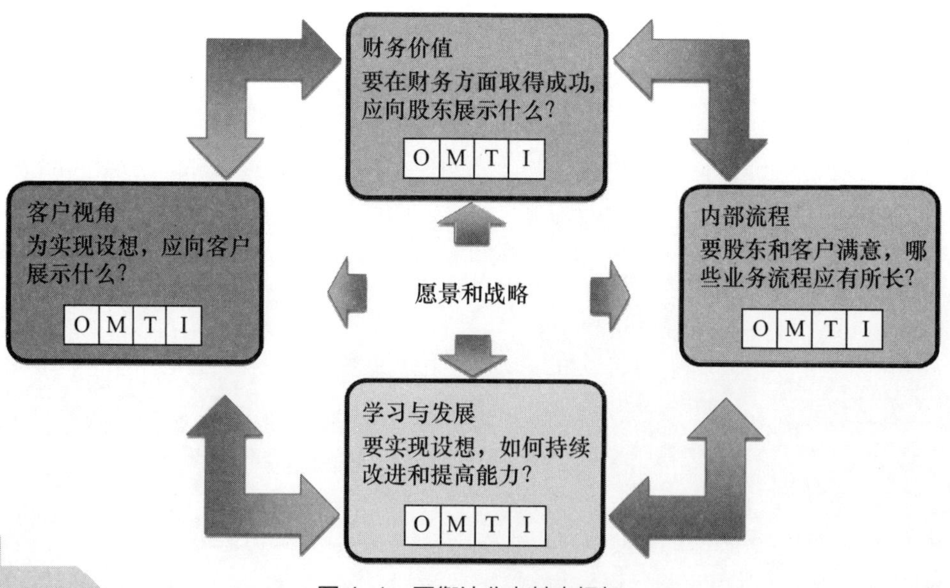

图 4-1　平衡计分卡基本框架

4.1.2　改进平衡计分卡

尽管平衡计分卡多用于企业管理绩效评价，但是平衡计分卡作为一个全面的框架，改变了以往单一使用财务指标衡量绩效的传统做法，改善了单纯的财务指标环节单一、广度不够、深度不够、远度不够的缺点。因此本书考虑采用平衡计分卡的基本框架，并在其基础上进行改进，保留财务价值、内部流程指标，将“客户视角”调整为注重 BIM 的“模型视角”，将“学习与发展”调整为考虑 BIM 解决问题效果的“应用落地”，以期更适用于对保障性住房 BIM 应用过程的监管。

基于改进平衡计分卡的保障性住房 BIM 应用监管评价模型如图 4-2 所示。

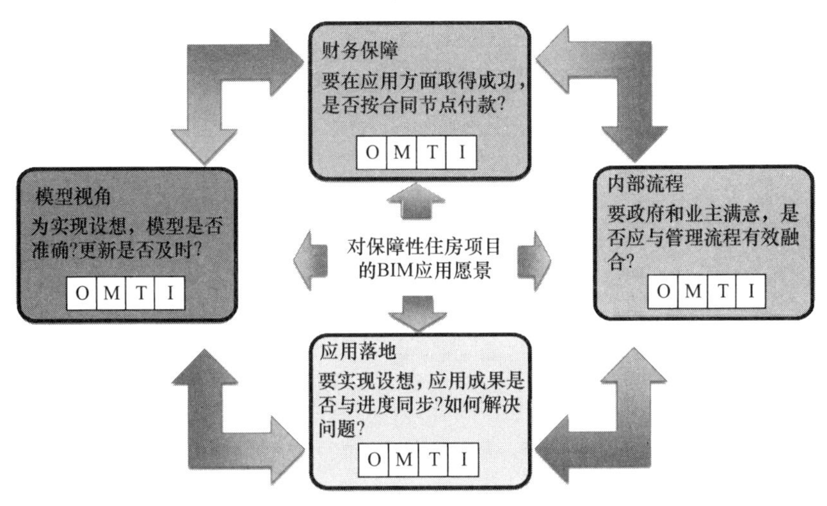

图 4-2　改进平衡计分卡模型

考虑到某些保障性住房的 BIM 应用阶段包含运维阶段，本书确定运维阶段的评分周期为竣工验收完成并投入运营后 1 年。

4.2　基于改进平衡计分卡的监管评分

监管评分包括 1 张总评计分卡和 4 张分项计分卡，总评计分卡信息包括项目信息、项目模型、总评得分。4 张分项计分卡包括 BIM 模型计分卡、BIM 应用计分卡、BIM 流程计分卡和 BIM 效益计分卡。

4.2.1　总评计分卡

总评计分卡根据总评分数分为红、黄、绿三个等级，总评分数满分为 100 分，60 分

（不含）以下为红色，需要根据预审意见整改后重新提交预审；60～85分（含）为黄色，根据预审意见整改后直接提交程序核查；85分（不含）以上为绿色，直接提交程序核查。为方便计算，本书总分为4张分项计分卡得分的算术平均值，实际应用时可根据需要设定权重。

总评计分卡设计见表4-1。

总评计分卡　　表4-1

<table>
<tr><td colspan="5">保障性住房 BIM 技术应用过程监管
总评计分卡</td></tr>
<tr><td colspan="5">基本信息</td></tr>
<tr><td>日期</td><td colspan="4"></td></tr>
<tr><td colspan="5">项目信息</td></tr>
<tr><td>项目名称</td><td colspan="4"></td></tr>
<tr><td>报建号</td><td colspan="4"></td></tr>
<tr><td>保障性住房类型</td><td colspan="4">○动迁安置房　○共有产权房</td></tr>
<tr><td>位置（地址）</td><td colspan="4"></td></tr>
<tr><td>建筑面积</td><td colspan="4"></td></tr>
<tr><td>当前阶段</td><td colspan="4">○设计　○施工准备　○施工（含预制构件）　○运维</td></tr>
<tr><td rowspan="5">参与单位</td><td>建设单位</td><td></td><td>运营单位</td><td></td></tr>
<tr><td>设计单位</td><td></td><td>专项设计单位</td><td></td></tr>
<tr><td>施工单位</td><td></td><td>专业分包单位</td><td></td></tr>
<tr><td>监理单位</td><td></td><td>项目管理单位</td><td></td></tr>
<tr><td>咨询单位</td><td></td><td>其他单位</td><td></td></tr>
<tr><td>BIM 负责人
（单位和姓名）</td><td colspan="4"></td></tr>
<tr><td>项目开工日期</td><td colspan="4"></td></tr>
<tr><td>项目竣工日期</td><td colspan="4"></td></tr>
<tr><td colspan="5">项目 3D 模型效果图</td></tr>
<tr><td colspan="5"></td></tr>
<tr><td>BIM 模型得分</td><td></td><td colspan="2">BIM 应用得分</td><td></td></tr>
<tr><td>BIM 流程得分</td><td></td><td colspan="2">BIM 效益得分</td><td></td></tr>
<tr><td>总评分</td><td></td><td colspan="2">等级</td><td>红 / 黄 / 绿</td></tr>
<tr><td>评语</td><td colspan="4"></td></tr>
</table>

4.2.2　BIM 模型计分卡

BIM 模型计分卡包括模型的完整性、规范性、合规性和准确性，检查指标分为主控项目和一般项目，任意一项主控项目的合格率应为 100%，一般项目的合格率不低于 60%，否则合规性检查判定为不合格。未通过合规性检查的，不再进行后续检查，直接责令整改。每项满分为 100 分。

BIM 模型计分卡见表 4-2。

BIM 模型计分卡　　表 4-2

保障性住房 BIM 技术应用过程监管 BIM 模型计分卡		
BIM 模型得分		
模型阶段	□方案设计模型 □初步设计模型 □施工图模型 □施工深化模型 □竣工模型 □运维模型	
完整性		得分
模型文件目录结构完整	主控项目	
模型专业完整	主控项目	
轴网无缺漏	主控项目	
标高包含所有区域	主控项目	
模型内容完整	一般项目	
规范性		得分
坐标系设置统一	主控项目	
模型链接统一	主控项目	
模型拆分规范	主控项目	
颜色设置规范	一般项目	
模型文件命名规范	一般项目	
模型单元命名规范	一般项目	
无冗余模型单元	一般项目	
合规性		得分
模型单元几何表达精度符合标准要求	一般项目	
模型单元属性信息深度符合标准要求	一般项目	
图模一致	一般项目	
准确性		得分
模型单元几何尺寸准确	主控项目	
模型单元属性信息准确	一般项目	

续表

扣分情况说明	

注：完整性、规范性、合规性和准确性分别打分，各子项满分为100分，总分为其各子项得分的算术平均值，满分为100分。

4.2.3 BIM应用计分卡

BIM应用计分卡对相应阶段的BIM应用项进行评分，满分为100分。检查指标分为必选项目和可选项目，必选项目每项必须完成，可选项目至少完成1项。

BIM应用计分卡见表4-3。

BIM应用计分卡　　表4-3

保障性住房BIM技术应用过程监管 BIM应用计分卡		
BIM应用得分		
设计阶段		得分
设计方案比选	必选项目	
建筑结构平立剖面检查	必选项目	
冲突检测及三维管线综合	必选项目	
竖向净空优化	必选项目	
□场地分析 □面积明细表统计 □虚拟仿真漫游 □建筑专业辅助施工图设计	可选项目	
施工准备阶段		得分
施工深化设计	必选项目	
施工方案模拟	必选项目	
构件预制加工	必选项目	
构件预制阶段		得分
预制构件深化建模	必选项目	
预制构件的碰撞检查	必选项目	
预制构件材料统计	必选项目	
BIM模型指导构件生产	必选项目	
预制构件安装模拟	必选项目	

续表

□ BIM 模型导出预制构件加工图 □预制构件信息管理	可选项目	
施工实施阶段		得分
质量安全管理	必选项目	
竣工模型构建	必选项目	
□虚拟进度和实际进度对比 □工程量统计 □设备和材料管理	可选项目	
运维阶段		得分
运维系统建设	必选项目	
建筑设备运行管理	必选项目	
□空间管理 □资产管理	可选项目	
扣分情况说明		

注：单阶段分别打分，各子项满分为 100 分，总分为其各子项得分的算术平均值，满分为 100 分。

4.2.4　BIM 流程计分卡

BIM 流程计分卡对相应阶段的 BIM 流程进行评分，满分为 100 分。

BIM 流程计分卡见表 4-4。

BIM 流程计分卡　表 4-4

保障性住房 BIM 技术应用过程监管 BIM 流程计分卡		
BIM 流程得分		
组织架构		得分
业主主导作用明显		
参建各方共同参与且职责清晰		
组织架构与项目实际需要匹配		
实施团队		得分
团队人员职责清晰执行到位		
BIM 经理技术管理经验丰富		
团队人员专业配置完善		

续表

团队稳定性好		
项目获得各类BIM奖项		
机制流程		得分
BIM应用流程与项目管理融合程度高		
BIM问题整改形成闭环		
BIM会议不定期举行并形成会议纪要		
BIM技术成果与项目实施过程匹配		

注：组织架构、实施团队、机制流程分别打分，各子项满分为100分，总分为其各子项得分的算术平均值，满分为100分。

4.2.5 BIM效益计分卡

BIM效益计分卡对相应阶段的BIM效益进行评分，满分为100分。

BIM效益计分卡见表4-5。

BIM效益计分卡　　表4-5

保障性住房BIM技术应用过程监管 BIM效益计分卡		
BIM效益得分		
合同履行		得分
按合同约定阶段提交BIM成果		
BIM成果交付记录完整		
费用预算		得分
按费用预算节点和数额支付BIM款项		
BIM款项付款记录完整		
效益分析		得分
形成BIM效益计算方法		
阶段BIM效益计算合理		

注：合同履行、费用预算、效益分析分别打分，各子项满分为100分，总分为其各子项得分的算术平均值，满分为100分。

第5章

成果交付要求

参考《上海市建筑信息模型应用标准》DG/TJ 08—2201—2016、《上海市建筑信息模型技术应用指南》(2017版)、《建筑信息模型设计交付标准》GB/T 51301—2018、《建筑工程设计信息模型制图标准》JGJ/T 448—2018等标准规定，将BIM技术交付成果分为BIM模型文件、BIM模型信息、BIM应用成果、BIM应用流程、BIM应用效益5个部分。另外，本章模型交付参考了《上海市房屋建筑施工图、竣工建筑信息模型和交付要求(试行)》的部分内容。

5.1 BIM模型文件交付要求

根据《房屋建筑施工图、竣工建筑信息模型建模和交付要求》要求，结合《上海市建筑信息模型技术应用指南》(2017版)附录一“模型深度”和相关文件要求，对保障性住房BIM模型文件交付提出基本建议如下。

① 本书范围内的所有BIM模型应使用统一的坐标系统：平面坐标系采用上海市城市坐标系，高程系统为1987年吴淞高程系。

② 交付的模型数据为BIM模型源文件。

③ 应保证交付的模型、文档、图纸等资料的准确性、完整性与一致性。

④ 交付审查的模型数据应符合国家、行业的相关标准。

5.1.1 文件格式和版本

应采用建筑设计行业中的主流BIM软件进行建模，并将模型以指定数据格式交付。交付的BIM模型源格式应满足表5-1中的要求，表格中涉及的数据格式或软件版本要求可根据实际情况不定期更新。

文件格式和版本要求　　表5-1

序号	数据格式	数据来源	软件版本要求	备注
1	.rvt	Autodesk Revit	2016—2022	—

续表

序号	数据格式	数据来源	软件版本要求	备注
2	.dgn .idgn	Bentley MicroStation	V8i/CE	—
		Bentley AECOsim Building Designer	V8i/CE	—
3	.ifc	通过 Building SMART 联盟 IFC 导出认证的软件	IFC2x3/IFC4	—
4	.stl	Dasssult Catia	V5/V6	模型非几何信息在平台处理流程中可能存在缺失风险

注：表中未列出的 BIM 模型格式可以转换成 IFC 格式文件交付

所有 BIM 模型均应使用统一的公制单位，各度量单位具体要求如下：

① 长度单位为毫米（mm），带 0 位小数；

② 面积单位为平方米（m^2），带 2 位小数；

③ 体积单位为立方米（m^3），带 2 位小数；

④ 角度单位为度（°），带 2 位小数；

⑤ 坡度单位为度（°），带 3 位小数。

5.1.2 模型拆分

（1）同一项目的 BIM 模型应当遵循以下规则进行拆分：

① 按单体：项目应当按独立建筑单体或构筑物分别建模。

② 按专业：单体内模型按照建筑、结构、暖通、电气、给水排水等不同专业类型进行划分。

③ 按楼层：专业内模型应按自然层、标准层进行划分。

④ 按子系统：机电专业模型在楼层基础上应按系统功能类型进行再划分，如给水排水专业可以将模型拆分为给水排水、消防、喷淋系统等子模型。

（2）专业拆分时不能将同一对象或构件重复拆分到不同专业模型中，单体建模时涉及两个及以上单体附属建筑不能重复拆分到不同单体中。

（3）按照上述原则对模型进行拆分后建议采用模型目录结构对模型进行管理。

5.1.3 模型深度

① 递交审查的 BIM 模型均应达到相应阶段的模型深度要求。

② 模型深度符合国家标准和当地 BIM 相关地方标准等规范文件的规定。

③ 模型深度应满足施工图审查阶段各专业审批要点的数据需求，如规划审批中的

红线、各楼层建筑面积等信息，消防审查中的防火分区、防火门、消防登高场地、前室等信息。

④ 模型深度应满足竣工验收阶段各专业审批要点的数据需求，并应与验收申报材料中的数据保持一致。

5.1.4　命名和代码

1. 模型文件命名

① BIM 模型的命名方式应当遵循统一的规则，文件名称应包括项目编码、阶段、场地 / 单体 / 构筑物 / 施工设施、专业、楼层、系统类型 6 个字段，这些字段用对应的代码表示，字段间用短下划线“_”连接，具体命名规则如下：

项目编码 _ 阶段代码 _ 场地 / 单体 / 构筑物 / 施工设施代码 _ 专业代码 _ 楼层代码 _ 系统代码（可选）. 模型后缀名。

表 5-2～表 5-5 为具体说明。

代码说明　表 5-2

字段	代码说明
项目编码	统一用项目编码或报建编号
阶段代码	施工图模型代码统一为 SG，竣工模型代码统一为 JG
场地 / 单体 / 构筑物 / 施工设施代码	场地代码为 CD。 单体和构筑物代码使用项目报审时形成的单体和构筑物代码，如 D001 和 G001。 施工设施代码为 SS。 举例： 项目编码 _SG_D001_AR_F1.xxx 表示项目 1 号楼 F1 层建筑专业施工图模型
专业代码	专业代码见表 5-3。 若专业代码为“ALL”，表示该模型为项目单体的专业整合模型，后续编码字段可省略。 举例： 项目编码 _SG_D001_ALL.xxx 表示项目 1 号楼专业整合施工图模型； 项目编码 _SG_D001_AR_F1.xxx 表示项目 1 号楼 F1 层建筑专业施工图模型
楼层代码	地上楼层代码应以字母 F 开头加 2 位数字（超过 99 层用 3 位数字）表达，地下楼层代码应以字母 B 开头加 2 位数字表达，屋顶代码应以 RF 表达，夹层代码表示方法为楼层代码 +M。楼层代码见表 5-4。 若楼层代码为“ALL”，表示该模型为项目单体某专业的楼层整合模型，后续代码字段可省略。 举例： 项目编码 _SG_D001_AR_ALL.xxx 表示项目 1 号楼建筑专业楼层整合施工图模型； 项目编码 _SG_D001_AR_F1.xxx 表示项目 1 号楼 F1 层建筑专业施工图模型。

续表

字段	代码说明
楼层代码	项目场地模型无需按楼层划分，该层级内容可根据实际情况完善。 举例： 项目编码_SG_场地_AR_地形.xxx 表示项目场地建筑专业的地形施工图模型
系统代码	系统代码见表 5-5。 若楼层代码为“ALL”，表示该模型为项目单体某专业某楼层某机电子专业整合模型。 举例： 项目编码_SG_D001_M_F1_ALL.xxx 表示项目 1 号楼 F1 层暖通专业整合施工图模型； 项目编码_SG_D001_M_F1_FAS.xxx 表示项目 1 号楼 F1 层暖通专业新风系统施工图模型

专业代码表　　表 5-3

专业（中文）	专业（英文）	专业代码（中文）	专业代码（英文）
总图	General	总	G
规划	Planning	规	PL
建筑	Architecture	建	AR
结构	Structural	结	ST
暖通	Mechanical	暖	M
电气	Electrical	电	E
给水排水	Plumbing	水	P
消防	Fire Protection	消	F
市政	Civil Engineering	市政	CE
绿色节能	Green Building	绿建	GR
环境工程	Environmental Engineering	环	EE
勘察	Investigation	勘	V
室内装饰	Interior Design	室内	I
景观	Landscape	景	L
幕墙	Curtain Wall	幕墙	CW

楼层及标高代码表　　表 5-4

楼层	楼层代码	建筑标高命名	结构标高命名
屋顶	RF	RF_标高值	RF(S)_标高值
……	……	……	……

续表

楼层	楼层代码	建筑标高命名	结构标高命名
地上二层	F02	F02__ 标高值	F02(S)__ 标高值
地上一层夹层	F01M	F01M_ 标高值	F01M(S)_ 标高值
地上一层	F01	F01_ 标高值	F01(S)_ 标高值
地下一层	B01	B01_ 标高值	B01(S)_ 标高值
地下二层	B02	B02_ 标高值	B02(S)_ 标高值
……	……	……	……

系统代码表 表 5-5

系统名称	系统代码	系统名称	系统代码
新风系统	FAS	室内消防栓系统	FHS
加压送风系统	PAS	自动喷淋系统	ASS
送风系统	SAS	生活给水系统	TWS
排风系统	EAS	热水给水系统	HWSS
回风系统	RAS	重力废水系统	GWS
排烟系统	SES	压力污水系统	PSS
冷煤水系统	CWS	冷凝水系统	CS
通风系统	VLS	消防弱电系统	FA
照明系统	LTS	排油烟系统	KES
事故排风系统	AEA	放散管系统	BS
厨房补风系统	KMS	中压天然气系统	MGS
低压天然气系统	LGS	热风幕供水系统	WACS
热风幕回水系统	WACR	一次侧热水回水系统	HSS
一次侧热风供水系统	HRS	定压系统	PRS
排水系统	DS	地板辐射采暖系统	FHS
自来水管系统	CWS	二次侧生活热水供水系统	HSS
二次侧生活热水回水系统	HRS	二次侧供暖供水管系统	RSS
二次侧供暖回水管系统	RRS	软化水系统	SWS
补水系统	MUS	空调冷热水供水系统	CHS
空调冷热水回水系统	CHR	空调冷冻水供水系统	CSS
空调冷冻水回水系统	CRS	冷却水供水系统	CTS

续表

系统名称	系统代码	系统名称	系统代码
冷却水回水系统	CTR	冷却水补水系统	CWIS
直饮水给水系统	DDWS	重力雨水系统	GSDS
污水排水系统	GSS	市政直供给水系统	MWSS
加压给水系统	PWSS	厨房重力废水系统	KGWS
虹吸雨水系统	SRDS	送风兼补风系统	SA/MUS
送风系统	SAS	膨胀水系统	EWS
消防补风系统	SSS	室外消防系统	OFFS
气体灭火系统	GFES	细水雾灭火系统	WMS
窗玻璃防护冷却系统给水系统	PPCSWPS	水喷雾灭火系统	WSES
自动水炮灭火给水系统	AWCFWS	—	—

② 项目BIM模型如采用单独的定位文件应对其进行统一命名，名称格式为：项目编码_阶段代码_Grid.模型后缀名。该文件应位于项目模型文件夹的根目录下。

2. 模型构件命名

BIM模型应当采用统一的构件命名规则，该命名规则应当符合以下原则：

① 名称简明且易于辨识；

② 同一项目中，表达相同工程对象的构件命名应具有一致性；

③ 宜使用汉字、英文字符、数字、半角下划线“_”和半角连字符“-”；

④ 构件名称应由构件类型、系统分类、空间位置、构件名称、描述字段（可省略）依次组成，其间宜以半角下划线“_”隔开。必要时，字段内部的词组宜以半角连字符“-”隔开；

⑤ 各字符之间、符号之间、字符与符号之间均不宜留空格。

3. 模型构件颜色

机电专业模型中应根据不同的机电各专业（子）系统类型为构件设置相应的颜色，以便审查人员可以直观地通过颜色区分不同机电专业（子）系统的构件。

5.1.5 特殊图元

BIM模型中应包含相应的模型图元。BIM模型中的部分特殊图元及其建模方式见表5-6。

BIM 模型中的部分特殊图元及其建模方式　　表 5-6

指标类型	建模方式	说明
红线	专有面积平面视图 命名为：面积平面（红线）	模型中对红线进行闭合，并创建红线面积图元
建筑面积	专有面积平面视图 命名为：面积平面（建筑面积）_ 楼层编码	模型中分楼层创建对应的建筑面积平面视图。 示例： 面积平面（建筑面积）_F1 面积平面（建筑面积）_F2
防火分区面积	专有面积平面视图 命名为：面积平面（防火分区面积）_ 楼层编码	模型中分楼层创建对应的防火分区面积平面视图。 示例： 面积平面（防火分区面积）_F1
前室面积	专有面积平面视图 命名为：面积平面（前室面积）_ 楼层编码	模型中分楼层创建对应的建筑面积平面视图。 示例： 面积平面（前室面积）_F1
绿地面积	专有面积平面视图 命名为：面积平面（绿地面积）	模型中创建所有绿地的面积平面视图；一个项目对应一个该视图
消防登高场地	专有面积平面视图 命名为：面积平面（消防登高场地）	模型中创建所有消防登高场地的面积平面视图；一个项目对应一个该视图
出入口	三维模型文字	文字内容为出入口名称
市政道路	三维模型文字	文字内容为道路名称

5.1.6　模型文件目录结构

BIM 模型在上传前宜按照项目—单体—专业—楼层—系统的层级划分目录结构，见表 5-7，若项目某层级目录下无相应模型，仍应保留文件夹结构。

5.2　BIM 模型信息交付要求

根据课题研究，BIM 信息包括项目信息、单体信息、楼层信息、系统信息、空间信息、房间信息、构件信息、设备信息和产品信息。

5.2.1　信息交付形式

以建筑信息模型为载体，以模型文件属性信息展现，可与数据库信息集成。

因建模软件的限制，无法在 BIM 模型文件中加入相应的系统 / 子系统说明的，为保障数字化移交文件的完整性，应提供单独的系统说明，需采用表格方式，即 *.xls 文件。同时提供项目总说明，采用 *.doc 格式。

模型文件目录结构 表 5-7

一级	二级	三级	四级	五级	说明
*** 建筑项目	定位模型				
			项目编码_阶段代码_Grid.xxx		（1）项目统一的定位文件； （2）模型中应包含整个项目的轴网和标高数据，其他模型引用该文件进行坐标定位，其中标高的命名参考表 5-4
	场地				
		AR			
			项目编码_阶段代码_地_SG_AR_地形.xxx		项目场地的地形模型，包括围墙、内部道路、小市政等数据
			项目编码_阶段代码_地_SG_AR_绿化.xxx		项目场地的绿化模型
	1 号楼				
		AR			
			项目编码_阶段代码_1 号楼_SG_AR_B01.xxx		1 号楼 B01 层建筑专业模型
			项目编码_阶段代码_1 号楼_SG_AR_F01.xxx		
			项目编码_阶段代码_1 号楼_SG_AR_F02.xxx		
			项目编码_阶段代码_1 号楼_SG_AR_RF.xxx		
		ST			

续表

一级	二级	三级	四级	五级	说明
*** 建筑项目			项目编码 _ 阶段代码 _1 号楼 _SG_ST_B01.xxx		1 号楼 B01 层结构专业模型，其他楼层表达类似
			项目编码 _ 阶段代码 _1 号楼 _SG_ST_F01.xxx		
			项目编码 _ 阶段代码 _1 号楼 _SG_ST_F02.xxx		
			项目编码 _ 阶段代码 _1 号楼 _SG_ST_RF.xxx		
		M			
			B01		
				项目编码 _ 阶段代码 _1 号楼 _SG_M_B01_ALL.xxx	1 号楼 B01 层暖通专业模型
			F01		
				项目编码 _ 阶段代码 _1 号楼 _SG_M_F01_FAS.xxx	1 号楼 F01 层暖通专业新风系统模型
				项目编码 _ 阶段代码 _1 号楼 _SG_M_F01_PAS.xxx	1 号楼 F01 层暖通专业加压送风系统模型
				项目编码 _ 阶段代码 _1 号楼 _SG_M_F01_EAS.xxx	1 号楼 F01 层暖通专业排风系统模型
		E			
			B01		
				项目编码 _ 阶段代码 _1 号楼 _SG_E_B01_ALL.xxx	1 号楼 B01 层电气专业模型
			F01		

续表

一级	二级	三级	四级	五级	说明
*** 建筑项目				项目编码_阶段代码_1号楼_SG_E_F01_FA.xxx	1号楼F01层电气专业消防弱电系统模型
				项目编码_阶段代码_1号楼_SG_E_F01_VLS.xxx	1号楼F01层电气专业通风系统模型
				项目编码_阶段代码_1号楼_SG_E_F01_LTS.xxx	1号楼F01层电气专业照明系统模型
		P			
			B01		
				项目编码_阶段代码_1号楼_SG_P_B01_ALL.xxx	1号楼B01层给水排水专业模型
			F01		
				项目编码_阶段代码_1号楼_SG_P_F01_DS.xxx	1号楼F01层给水排水专业排水系统模型
				项目编码_阶段代码_1号楼_SG_P_F01_CWS.xxx	1号楼F01层给水排水专业自来水管系统模型
				项目编码_阶段代码_1号楼_SG_P_F01_MUS.xxx	1号楼F01层给水排水专业补水系统模型
备注					

阶段编号缩写为：P（规划立项阶段）、D（设计阶段）、C（施工阶段），以及 M（运维阶段）。数据传递编号缩写为：N（创建）、I（继承）、R（更新），以及—（不涉及）。

5.2.2 项目信息交付要求

项目信息交付要求见表 5-8。

项目信息交付要求　表 5-8

序号	字段名称	单位	数据类型	是否必填	P	D	C	M
1	项目名称		文本型	是	N	I	I	R
2	项目编码		字符型	是	N	I	I	—
3	建设地点		文本型	是	N	I	I	I
4	建设单位		文本型	是	N	I	I	I
5	立项文件编号		字符型	是	N	I	I	—
6	立项方式		字符型	是	N	I	I	—
7	总投资额	万元	数值型	是	N	R	R	I
8	建筑面积	m^2	数值型	是	N	R	R	I
9	占地面积	m^2	数值型	否	N	R	R	I
10	建设单位性质		文本型	是	N	I	I	—
11	项目分类		文本型	是	N	I	I	R
12	抗震等级		字符型	是	N	I	I	I
13	车位数量	个	数值型	是	N	R	R	R
14	项目特点		文本型	否	N	R	R	—

注：1. 项目编码、立项文件编号、项目分类等参考上海市相关政策规定；
2. 抗震等级等参考国家现行规范。

5.2.3 单体信息交付要求

单体信息交付要求见表 5-9。

单体信息交付要求　表 5-9

序号	字段名称	单位	数据类型	是否必填	P	D	C	M
1	单体名称		文本型	是	N	R	R	R
2	单体编号		字符型	是	N	R	R	R

续表

序号	字段名称	单位	数据类型	是否必填	P	D	C	M
3	单体类型		文本型	是	N	I	I	R
4	所属标段		文本型	否	—	—	N	—
5	建筑面积	m^2	数值型	是	N	R	R	I
6	层数		数值型	是	N	R	R	I
7	总高度	m	数值型	是	N	R	R	I
8	结构类型		文本型	是	N	R	I	I
9	开工日期		日期型	否	N	R	R	—
10	竣工日期		日期型	否	N	R	R	—
11	合同工期	天	数值型	否	N	I	I	—
12	设计单位		文本型	否	—	N	I	I
13	施工单位		文本型	否	—	—	N	I
14	监理单位		文本型	否	—	—	N	I
15	实际开工日期		日期型	否	—	—	N	—
16	实际竣工日期		日期型	否	—	—	N	—

5.2.4 楼层信息交付要求

楼层信息交付要求见表 5-10。

楼层信息交付要求　　表 5-10

序号	字段名称	单位	数据类型	是否必填	P	D	C	M
1	楼层名称		文本型	是	N	R	I	R
2	楼层标高	m	数值型	是	N	R	R	R
3	屋顶标高	m	数值型	是	N	R	R	R
4	室外地面标高	m	数值型	是	N	R	R	R
5	楼层面积	m^2	数值型	是	N	R	I	R
6	层高	m	数值型	是	N	R	R	R
7	层数	层	数值型	是	N	R	I	R
8	楼层用途		文本型	否	N	R	I	R

5.2.5 系统信息交付要求

建筑电气系统、给水排水系统、供暖通风与空气调节系统、智能化系统信息交付要求见表 5-11～表 5-14。

建筑电气系统信息交付要求 表 5-11

序号	字段名称	单位	数据类型	是否必填	P	D	C	M
1	负荷级别		文本型	是	N	R	R	R
2	总负荷容量	kW·h	数值型	是	N	R	R	R
3	电源电压等级		文本型	是	N	R	R	R
4	电源容量	kVA	数值型	是	N	R	R	R
5	电源回路数		数值型	是	N	R	I	R
6	变 / 配 / 发电站数量	个	数值型	是	N	R	I	R
7	变 / 配 / 发电站位置		文本型	是	N	R	I	R
8	备用 / 应急电源型式		文本型	是	N	R	I	R
9	备用 / 应急电源电压等级		文本型	是	N	R	I	R
10	备用 / 应急电源容量	kVA	数值型	是	N	R	R	R
11	各子系统联动情况		文本型	是	—	N	I	R
12	系统回路		文本型	是	—	N	I	R
13	接口连接		文本型	是	—	N	R	I
14	施工措施		文本型	否	—	N	R	I
15	预留预埋		文本型	是	—	N	R	I

给水排水系统信息交付要求 表 5-12

序号	字段名称	单位	数据类型	是否必填	P	D	C	M
1	系统供水方式		文本型	是	N	R	R	R
2	总用水量	m^3	数值型	是	N	R	R	R
3	热源供应方式		文本型	是	N	R	R	R
4	集中热水供应耗热量	kJ	数值型	是	N	R	R	R
5	消防供水方式		文本型	是	N	R	I	R
6	消防用水量	m^3	数值型	是	N	R	I	R
7	排水方式		文本型	是	N	R	I	R
8	污废水排水量	m^3	数值型	是	N	R	I	R
9	雨水量	m^3	数值型	是	N	R	I	R
10	各子系统联动情况		文本型	是	—	N	I	R
11	系统回路		文本型	是	—	N	I	R
12	接口连接		文本型	是	—	N	R	I
13	施工措施		文本型	否	—	N	R	I
14	预留预埋		文本型	是	—	N	R	I
15	管道走向		文本型	是	—	N	R	I

供暖通风与空气调节系统信息交付要求　　表5-13

序号	字段名称	单位	数据类型	是否必填	P	D	C	M
1	冷负荷量	kW	数值型	是	N	R	R	R
2	热负荷量	kW	数值型	是	N	R	R	R
3	供暖热源参数		文本型	是	N	R	R	R
4	空气调节源参数		文本型	是	N	R	R	R
5	供暖通风与空气调节系统形式		文本型	是	N	R	R	R
6	各子系统联动情况		文本型	是	—	N	I	R
7	系统回路		文本型	是	—	N	I	R
8	接口连接		文本型	是	—	N	R	I
9	施工措施		文本型	否	—	N	R	I
10	预留预埋		文本型	是	—	N	R	I
11	管道走向		文本型	是	—	N	R	I

智能化系统信息交付要求　　表5-14

序号	字段名称	单位	数据类型	是否必填	P	D	C	M
1	系统分类		文本型	是	N	R	R	R
2	系统名称		文本型	是	N	R	R	R
3	系统功能		文本型	是	N	R	R	R
4	系统组成		文本型	是	N	R	R	R
5	系统技术要求		文本型	是	N	R	R	R
6	各子系统联动情况		文本型	是	—	N	I	R
7	系统回路		文本型	是	—	N	I	R
8	接口连接		文本型	是	—	N	R	I
9	施工措施		文本型	否	—	N	R	I
10	预留预埋		文本型	是	—	N	R	I
11	管道走向		文本型	是	—	N	R	I

5.2.6 空间信息交付要求

空间信息交付要求见表5-15。

空间信息交付要求　　表5-15

序号	字段名称	单位	数据类型	是否必填	P	D	C	M
1	空间名称		文本型	是	N	R	I	R
2	空间编号		字符型	是	N	R	I	R

续表

序号	字段名称	单位	数据类型	是否必填	P	D	C	M
3	空间类型		文本型	是	N	R	I	R
4	空间面积	m^2	数值型	是	N	R	R	R
5	空间描述		文本型	否	N	R	I	R

5.2.7　房间信息交付要求

房间信息交付要求见表 5-16。

房间信息交付要求　　表 5-16

序号	字段名称	单位	数据类型	是否必填	P	D	C	M
1	房间名称		文本型	是	N	R	I	R
2	房间编号		字符型	是	N	R	I	R
3	楼层		文本型	是	N	R	I	R
4	建筑面积	m^2	数值型	是	N	R	R	R
5	层高	m	数值型	是	N	R	R	I
6	房间描述		文本型	否	N	R	I	R
7	房间净高	m	数值型	是	—	—	N	I
8	房间净面积	m^2	数值型	是	—	—	N	I

5.2.8　构件信息交付要求

构件基本信息交付要求见表 5-17。

构件基本信息交付要求　　表 5-17

序号	字段名称	单位	数据类型	是否必填	P	D	C	M
1	构件名称		文本型	是	—	N	I	R
2	构件类型		文本型	是	—	N	I	I
3	构件编码		字符型	是	—	N	I	I
4	标高	m	数值型	是	—	N	R	I
5	楼层		文本型	是	—	N	I	I
6	构件检验批		文本型	否	—	—	N	—
7	施工单位		文本型	否	—	—	N	I
8	施工日期		日期型	否	—	—	N	—
9	保修日期		日期型	否	—	—	N	I

续表

序号	字段名称	单位	数据类型	是否必填	P	D	C	M
10	保修单位		文本型	否	—	—	N	I
11	保修期限	月	数值型	否	—	—	N	I

表5-18～表5-24为房屋建筑工程常规构件数据交付要求，梁、板、墙、柱、楼梯、围护结构、基础工程等构件信息交付要求宜符合该规定。

构件信息交付要求可由参建各方根据实际需求进行扩展，以满足工程需要。

钢筋混凝土矩形梁构件信息交付要求　　表5-18

序号	字段名称	单位	数据类型	是否必填	P	D	C	M
1	构件名称		文本型	是	—	N	I	R
2	构件编号		字符型	是	—	N	I	I
3	长度	mm	数值型	是	—	N	R	I
4	宽度	mm	数值型	是	—	N	R	I
5	高度	mm	数值型	是	—	N	R	I
6	混凝土强度等级		字符型	否	—	N	I	—
7	钢筋等级		字符型	否	—	N	I	I
8	混凝土抗渗等级		字符型	否	—	N	I	—
9	设计单位		文本型	否	—	N	I	I
10	设计人员		文本型	否	—	N	I	I
11	浇筑开始时间		日期型	否	—	—	N	—
12	浇筑结束时间		日期型	否	—	—	N	—
13	浇筑班组		文本型	否	—	—	N	—
14	钢筋检验批		文本型	否	—	—	N	—
15	模板检验批		文本型	否	—	—	N	—
16	混凝土检验批		文本型	否	—	—	N	—
17	施工项目经理		文本型	否	—	—	N	—
18	项目技术负责人		文本型	否	—	—	N	—
19	监理工程师		文本型	否	—	—	N	—
20	维护单位		文本型	否	—	—	—	N
21	维护周期	月	数值型	否	—	—	—	N
22	维保电话		数值型	否	—	—	—	N
23	维护次数	次	数值型	否	—	—	—	N

钢筋混凝土管桩 / 钻孔灌注桩构件信息交付要求　　表 5-19

序号	字段名称	单位	数据类型	是否必填	P	D	C	M
1	构件名称		文本型	是	—	N	I	R
2	构件编号		字符型	是	—	N	I	I
3	长度	mm	数值型	是	—	N	R	I
4	直径	mm	数值型	是	—	N	R	I
5	混凝土强度等级		字符型	否	—	N	I	—
6	钢筋等级		字符型	否	—	N	I	I
7	混凝土抗渗等级		字符型	否	—	N	I	—
8	设计承载力		字符型	否	—	N	I	—
9	设计单位		文本型	否	—	N	I	I
10	设计人员		文本型	否	—	N	I	I
11	浇筑开始时间		日期型	否	—	—	N	—
12	浇筑结束时间		日期型	否	—	—	N	—
13	浇筑班组		文本型	否	—	—	N	—
14	钢筋检验批		文本型	否	—	—	N	—
15	模板检验批		文本型	否	—	—	N	—
16	混凝土检验批		文本型	否	—	—	N	—
17	施工项目经理		文本型	否	—	—	N	—
18	项目技术负责人		文本型	否	—	—	N	—
19	监理工程师		文本型	否	—	—	N	—

钢筋混凝土现浇外墙构件信息交付要求　　表 5-20

序号	字段名称	单位	数据类型	是否必填	P	D	C	M
1	构件名称		文本型	是	—	N	I	R
2	构件编号		字符型	是	—	N	I	I
3	长度	mm	数值型	是	—	N	R	I
4	宽度	mm	数值型	是	—	N	R	I
5	高度	mm	数值型	是	—	N	R	I
6	混凝土强度等级		字符型	否	—	N	I	—
7	钢筋等级		字符型	否	—	N	I	I
8	抗渗等级		字符型	否	—	N	I	—
9	抗震等级		字符型	否	—	N	I	—
10	设计单位		文本型	否	—	N	I	I
11	设计人员		文本型	否	—	N	I	I
12	浇筑开始时间		日期型	否	—	—	N	—

续表

序号	字段名称	单位	数据类型	是否必填	P	D	C	M
13	浇筑结束时间		日期型	否	—	—	N	—
14	浇筑班组		文本型	否	—	—	N	—
15	钢筋检验批		文本型	否	—	—	N	—
16	模板检验批		文本型	否	—	—	N	—
17	混凝土检验批		文本型	否	—	—	N	—
18	施工项目经理		文本型	否	—	—	N	—
19	项目技术负责人		文本型	否	—	—	N	—
20	监理工程师		文本型	否	—	—	N	—
21	维护单位		文本型	是	—	—	—	N
22	维护周期	月	数值型	是	—	—	—	N
23	维保电话		数值型	是	—	—	—	N
24	维护次数	次	数值型	是	—	—	—	N

砌体外墙构件信息交付要求　　表5-21

序号	字段名称	单位	数据类型	是否必填	P	D	C	M
1	构件名称		文本型	是	—	N	I	R
2	构件编号		字符型	是	—	N	I	I
3	长度	mm	数值型	是	—	N	R	I
4	宽度	mm	数值型	是	—	N	R	I
5	高度	mm	数值型	是	—	N	R	I
6	砌体材料		文本型	是	—	N	R	I
7	抗渗等级		字符型	否	—	N	I	—
8	抗震等级		字符型	否	—	N	I	—
9	设计单位		文本型	否	—	N	I	I
10	设计人员		文本型	否	—	N	I	I
11	砌筑开始时间		日期型	否	—	—	N	—
12	砌筑结束时间		日期型	否	—	—	N	—
13	砌筑方法		文本型	否	—	—	N	—
14	施工项目经理		文本型	否	—	—	N	—
15	项目技术负责人		文本型	否	—	—	N	—
16	监理工程师		文本型	否	—	—	N	—
17	维护单位		文本型	是	—	—	—	N
18	维护周期	月	数值型	是	—	—	—	N
19	维保电话		数值型	是	—	—	—	N
20	维护次数	次	数值型	是	—	—	—	N

钢筋混凝土现浇楼板信息交付要求 表 5-22

序号	字段名称	单位	数据类型	是否必填	P	D	C	M
1	构件名称		文本型	是	—	N	I	R
2	构件编号		字符型	是	—	N	I	I
3	长度	mm	数值型	是	—	N	R	I
4	宽度	mm	数值型	是	—	N	R	I
5	厚度	mm	数值型	是	—	N	R	I
6	混凝土强度等级		字符型	否	—	N	I	—
7	钢筋等级		字符型	否	—	N	I	I
8	抗渗等级		字符型	否	—	N	I	—
9	抗震等级		字符型	否	—	N	I	—
10	设计单位		文本型	否	—	N	I	I
11	设计人员		文本型	否	—	N	I	I
12	浇筑开始时间		日期型	否	—	—	N	—
13	浇筑结束时间		日期型	否	—	—	N	—
14	浇筑班组		文本型	否	—	—	N	—
15	钢筋检验批		文本型	否	—	—	N	—
16	模板检验批		文本型	否	—	—	N	—
17	混凝土检验批		文本型	否	—	—	N	—
18	施工项目经理		文本型	否	—	—	N	—
19	项目技术负责人		文本型	否	—	—	N	—
20	监理工程师		文本型	否	—	—	N	—
21	维护单位		文本型	是	—	—	—	N
22	维护周期	月	数值型	是	—	—	—	N
23	维保电话		数值型	是	—	—	—	N
24	维护次数	次	数值型	是	—	—	—	N

矩形钢筋混凝土现浇柱构件信息交付要求 表 5-23

序号	字段名称	单位	数据类型	是否必填	P	D	C	M
1	构件名称		文本型	是	—	N	I	R
2	构件编号		字符型	是	—	N	I	I
3	长度	mm	数值型	是	—	N	R	I
4	宽度	mm	数值型	是	—	N	R	I
5	高度	mm	数值型	是	—	N	R	I
6	混凝土强度等级		字符型	否	—	N	I	—
7	钢筋等级		字符型	否	—	N	I	I

续表

序号	字段名称	单位	数据类型	是否必填	P	D	C	M
8	设计承载力		字符型	否	—	N	I	—
9	抗震等级		字符型	否	—	N	I	—
10	抗渗等级		字符型	否	—	N	I	—
11	设计单位		文本型	否	—	N	I	I
12	设计人员		文本型	否	—	N	I	I
13	浇筑开始时间		日期型	否	—	—	N	—
14	浇筑结束时间		日期型	否	—	—	N	—
15	浇筑班组		文本型	否	—	—	N	—
16	钢筋检验批		文本型	否	—	—	N	—
17	模板检验批		文本型	否	—	—	N	—
18	混凝土检验批		文本型	否	—	—	N	—
19	施工项目经理		文本型	否	—	—	N	—
20	项目技术负责人		文本型	否	—	—	N	—
21	监理工程师		文本型	否	—	—	N	—
22	维护单位		文本型	是	—	—	—	N
23	维护周期	月	数值型	是	—	—	—	N
24	维保电话		数值型	是	—	—	—	N
25	维护次数	次	数值型	是	—	—	—	N

钢筋混凝土现浇楼梯构件信息交付要求 表 5-24

序号	字段名称	单位	数据类型	是否必填	P	D	C	M
1	构件名称		文本型	是	—	N	I	R
2	构件编号		字符型	是	—	N	I	I
3	构件类型		文本型	是	—	N	I	—
4	踏步宽度	mm	数值型	是	—	N	R	I
5	踏步高度	mm	数值型	是	—	N	R	I
6	踏步数		数值型	是	—	N	R	I
7	楼梯板长度	mm	数值型	是	—	N	R	I
8	楼梯板宽度	mm	数值型	是	—	N	R	I
9	楼梯板高度	mm	数值型	是	—	N	R	I
10	楼梯坡度		数值型	是	—	N	R	I
11	混凝土强度等级		字符型	否	—	N	I	—
12	钢筋等级		字符型	否	—	N	I	I
13	抗震等级		字符型	否	—	N	I	—

续表

序号	字段名称	单位	数据类型	是否必填	P	D	C	M
14	抗渗等级		字符型	否	—	N	I	—
15	设计单位		文本型	否	—	N	I	I
16	设计人员		文本型	否	—	N	I	I
17	浇筑开始时间		日期型	否	—	—	N	—
18	浇筑结束时间		日期型	否	—	—	N	—
19	浇筑班组		文本型	否	—	—	N	—
20	钢筋检验批		文本型	否	—	—	N	—
21	模板检验批		文本型	否	—	—	N	—
22	混凝土检验批		文本型	否	—	—	N	—
23	施工项目经理		文本型	否	—	—	N	—
24	项目技术负责人		文本型	否	—	—	N	—
25	监理工程师		文本型	否	—	—	N	—
26	维护单位		文本型	是	—	—	—	N
27	维护周期	月	数值型	是	—	—	—	N
28	维保电话		数值型	是	—	—	—	N
29	维护次数	次	数值型	是	—	—	—	N

5.2.9 设备信息交付要求

设备基本信息交付要求见表 5-25。

设备基本信息交付要求 表 5-25

序号	字段名称	单位	数据类型	是否必填	P	D	C	M
1	设备名称		文本型	是	—	N	I	R
2	设备类型		文本型	是	—	N	R	I
3	分类编码		字符型	是	—	N	R	I
4	楼层		文本型	是	—	N	I	R
5	房间		文本型	是	—	N	I	R
6	设备序列号		文本型	是	—	—	N	I
7	型号		文本型	是	—	—	N	I
8	制造商		文本型	是	—	—	N	I
9	预期寿命	月	数值型	否	—	—	N	I
10	安装日期		日期型	是	—	—	N	I
11	保修开始日期		日期型	是	—	—	N	I

续表

序号	字段名称	单位	数据类型	是否必填	P	D	C	M
12	保修单位		文本型	是	—	—	N	I
13	保修期限	月	数值型	是	—	—	N	I
14	资产标识		文本型	否	—	—	—	N

表5-26～表5-29为房屋建筑工程常规设备数据交付要求，升降式电梯、自动扶梯、水处理设备、水泵、冷热水交换器、太阳能热水系统、空调机组、配电柜、发电机组以及锅炉等设备信息交付要求宜符合该规定。

设备信息交付要求可由参建各方根据实际需求进行扩展，以满足工程需要。

水处理设备信息交付要求　　表5-26

序号	字段名称	单位	数据类型	是否必填	P	D	C	M
1	设备名称		文本型	是	—	N	I	R
2	设备编号		字符型	是	—	N	I	I
3	设备型号		字符型	是	—	N	I	I
4	规格说明		字符型	是	—	N	I	I
5	设计压力	MPa	数值型	是	—	N	R	I
6	设计温度	℃	数值型	是	—	N	R	I
7	流量	m^3/h	数值型	是	—	N	R	I
8	功率	kW	数值型	是	—	N	R	I
9	水头损失	m	数值型	是	—	N	R	I
10	重量	kg	数值型	是	—	—	N	I
11	最小流速	m/h	数值型	是	—	—	N	I
12	最大流速	m/h	数值型	是	—	—	N	I
13	主体材料		字符型	是	—	—	N	I
14	运行荷重	kg	数值型	是	—	—	N	I
15	容器形式		字符型	是	—	—	N	I
16	设计单位		文本型	否	—	N	—	—
17	设计人员		文本型	否	—	N	—	—
18	验收人员		文本型	否	—	—	N	—
19	安装单位		文本型	否	—	—	N	—
20	安装人员		文本型	否	—	—	N	—
21	安装时间		日期型	否	—	—	N	—
22	调试时间		日期型	否	—	—	N	—
23	移交时间		日期型	否	—	—	N	—

续表

序号	字段名称	单位	数据类型	是否必填	P	D	C	M
24	产品合格证书编号		文本型	否	—	—	N	I
25	检验合格证书编号		文本型	否	—	—	N	I
26	制造商		文本型	是	—	—	N	I
27	出厂编号		文本型	是	—	—	N	I
28	产地		文本型	是	—	—	N	I
29	使用寿命	年	数值型	是	—	—	N	I
30	保修期	年	数值型	是	—	—	N	I
31	采购价	元	数值型	否	—	—	N	I
32	固定资产编码		字符型	是	—	—	—	N
33	资产权属单位		文本型	是	—	—	—	N
34	维护单位		文本型	是	—	—	—	N
35	维护周期	月	数值型	是	—	—	—	N
36	维保电话		数值型	是	—	—	—	N
37	维护次数	次	数值型	是	—	—	—	N

水泵设备信息交付要求 表5-27

序号	字段名称	单位	数据类型	是否必填	P	D	C	M
1	设备名称		文本型	是	—	N	I	R
2	设备编号		字符型	是	—	N	I	I
3	设备型号		字符型	是	—	N	I	I
4	规格说明		字符型	是	—	N	I	I
5	流量	m^3/h	数值型	是	—	N	R	I
6	扬程	m	数值型	是	—	N	R	I
7	转速	rad/min	数值型	是	—	N	R	I
8	汽蚀余量	m	数值型	是	—	N	R	I
9	轴功率	kW	数值型	是	—	N	R	I
10	效率	%	数值型	是	—	N	R	I
11	设计单位		文本型	否	—	N	—	—
12	设计人员		文本型	否	—	N	—	—
13	验收人员		文本型	否	—	—	N	—
14	安装单位		文本型	否	—	—	N	—
15	安装人员		文本型	否	—	—	N	—
16	安装时间		日期型	否	—	—	N	—
17	调试时间		日期型	否	—	—	N	—

续表

序号	字段名称	单位	数据类型	是否必填	P	D	C	M
18	移交时间		日期型	否	—	—	N	—
19	产品合格证书编号		文本型	否	—	—	N	I
20	检验合格证书编号		文本型	否	—	—	N	I
21	制造商		文本型	是	—	—	N	I
22	出厂编号		文本型	是	—	—	N	I
23	产地		文本型	是	—	—	N	I
24	使用寿命	年	数值型	是	—	—	N	I
25	保修期	年	数值型	是	—	—	N	I
26	采购价	元	数值型	否	—	—	N	I
27	固定资产编码		字符型	是	—	—	—	N
28	资产权属单位		文本型	是	—	—	—	N
29	维护单位		文本型	是	—	—	—	N
30	维护周期	月	数值型	是	—	—	—	N
31	维保电话		数值型	是	—	—	—	N
32	维护次数	次	数值型	是	—	—	—	N

配电柜设备信息交付要求　表5-28

序号	字段名称	单位	数据类型	是否必填	P	D	C	M
1	设备名称		文本型	是	—	N	I	R
2	设备编号		字符型	是	—	N	I	I
3	设备型号		字符型	是	—	N	I	I
4	规格说明		字符型	是	—	N	I	I
5	额定工作电压	V	数值型	是	—	—	N	I
6	额定绝缘电压	V	数值型	是	—	—	N	I
7	频率	Hz	数值型	是	—	—	N	I
8	额定电流	A	数值型	是	—	—	N	I
9	额定短时耐受电流	kA	数值型	是	—	—	N	I
10	额定冲击耐受电压	kV	数值型	是	—	—	N	I
11	控制电动机容量	kW	数值型	是	—	—	N	I
12	防护等级		文本型	是	—	—	N	I
13	类型		文本型	是	—	—	N	I
14	过热防护说明		文本型	是	—	—	N	I
15	设计单位		文本型	否	—	N	—	—
16	设计人员		文本型	否	—	N	—	—

续表

序号	字段名称	单位	数据类型	是否必填	P	D	C	M
17	验收人员		文本型	否	—	—	N	—
18	安装单位		文本型	否	—	—	N	—
19	安装人员		文本型	否	—	—	N	—
20	安装时间		日期型	否	—	—	N	—
21	调试时间		日期型	否	—	—	N	—
22	移交时间		日期型	否	—	—	N	—
23	产品合格证书编号		文本型	否	—	—	N	I
24	检验合格证书编号		文本型	否	—	—	N	I
25	制造商		文本型	是	—	—	N	I
26	出厂编号		文本型	是	—	—	N	I
27	产地		文本型	是	—	—	N	I
28	使用寿命	年	数值型	是	—	—	N	I
29	保修期	年	数值型	是	—	—	N	I
30	采购价	元	数值型	否	—	—	N	I
31	固定资产编码		字符型	是	—	—	—	N
32	资产权属单位		文本型	是	—	—	—	N
33	维护单位		文本型	是	—	—	—	N
34	维护周期	月	数值型	是	—	—	—	N
35	维保电话		数值型	是	—	—	—	N
36	维护次数	次	数值型	是	—	—	—	N

发电机组设备信息交付要求 表 5-29

序号	字段名称	单位	数据类型	是否必填	P	D	C	M
1	设备名称		文本型	是	—	N	I	R
2	设备编号		字符型	是	—	N	I	I
3	设备型号		字符型	是	—	N	I	I
4	规格说明		字符型	是	—	N	I	I
5	额定功率	kW	数值型	是	—	—	N	I
6	额定电压	V	数值型	是	—	—	N	I
7	额定电流	A	数值型	是	—	—	N	I
8	额定频率	Hz	数值型	是	—	—	N	I
9	瞬态电压调整率	%	数值型	是	—	—	N	I
10	转速	rat/min	数值型	是	—	—	N	I
11	电压稳定时间	s	数值型	是	—	—	N	I

续表

序号	字段名称	单位	数据类型	是否必填	P	D	C	M
12	频率稳定时间	s	数值型	是	—	—	N	I
13	机油容量	L	数值型	是	—	—	N	I
14	排量	L	数值型	是	—	—	N	I
15	噪声	dB	数值型	是	—	—	N	I
16	启动方式		字符型	是	—	—	N	I
17	冷却方式		字符型	是	—	—	N	I
18	转速调节		字符型	是	—	—	N	I
19	设计单位		文本型	否	—	N	—	—
20	设计人员		文本型	否	—	N	—	—
21	验收人员		文本型	否	—	—	N	—
22	安装单位		文本型	否	—	—	N	—
23	安装人员		文本型	否	—	—	N	—
24	安装时间		日期型	否	—	—	N	—
25	安装说明		文本型	否	—	—	N	—
26	调试时间		日期型	否	—	—	N	—
27	移交时间		日期型	否	—	—	N	—
28	产品合格证书编号		文本型	否	—	—	N	I
29	检验合格证书编号		文本型	否	—	—	N	I
30	制造商		文本型	是	—	—	N	I
31	出厂编号		文本型	是	—	—	N	I
32	产地		文本型	是	—	—	N	I
33	使用寿命	年	数值型	是	—	—	N	I
34	保修期	年	数值型	是	—	—	N	I
35	采购价	元	数值型	否	—	—	N	I
36	固定资产编码		字符型	是	—	—	—	N
37	资产权属单位		文本型	是	—	—	—	N
38	维护单位		文本型	是	—	—	—	N
39	维护周期	月	数值型	是	—	—	—	N
40	维保电话		数值型	是	—	—	—	N
41	维护次数	次	数值型	是	—	—	—	N

5.2.10 产品信息交付要求

产品基本信息交付要求见表5-30。

产品基本信息交付要求　表 5-30

序号	字段名称	单位	数据类型	是否必填	P	D	C	M
1	产品名称		文本型	是	—	N	I	R
2	产品类型		文本型	是	—	N	R	I
3	分类编码		字符型	是	—	N	R	I
4	型号		文本型	是	—	N	I	R
5	特殊要求		文本型	否	—	N	I	R
6	产品序列号		文本型	是	—	—	N	I
7	制造商		文本型	是	—	—	N	I
8	预期寿命	月	数值型	否	—	—	N	I
9	安装日期		日期型	是	—	—	N	I
10	保修开始日期		日期型	是	—	—	N	I
11	保修单位		文本型	是	—	—	N	I
12	保修期限	月	数值型	是	—	—	N	I
13	资产标识		文本型	否	—	—	—	N

表 5-31～表 5-34 为房屋建筑工程常规产品数据交付要求，室内消火栓、普通灯具、开关、插座、阀门、法兰、排气扇以及雨淋喷头等产品信息交付要求宜符合该规定。

产品信息交付要求可由参建各方根据实际需求进行扩展，以满足工程需要。

室内消火栓产品信息交付要求　表 5-31

序号	字段名称	单位	数据类型	是否必填	P	D	C	M
1	产品名称		文本型	是	—	N	I	R
2	产品编号		字符型	是	—	N	I	I
3	设计流量	m^3/h	数值型	是	—	N	—	—
4	设计单位		文本型	否	—	N	I	I
5	设计人员		文本型	否	—	N	I	I
6	到货时间		日期型	否	—	—	N	—
7	验收人员		文本型	否	—	—	N	—
8	安装单位		文本型	否	—	—	N	—
9	安装人员		文本型	否	—	—	N	—
10	安装时间		日期型	否	—	—	N	—
11	调试时间		日期型	否	—	—	N	—
12	移交时间		日期型	否	—	—	N	—
13	产品合格证书编号		文本型	否	—	—	N	I

续表

序号	字段名称	单位	数据类型	是否必填	P	D	C	M
14	检验合格证书编号		文本型	否	—	—	N	I
15	厂家名称		文本型	是	—	—	N	I
16	产品规格		文本型	是	—	—	N	I
17	出厂编号		文本型	是	—	—	N	I
18	流量	m^3/h	数值型	是	—	—	N	I
19	使用寿命	年	数值型	是	—	—	N	I
20	保修期	年	数值型	是	—	—	N	I
21	采购价	元	数值型	否	—	—	N	I
22	固定资产编码		字符型	是	—	—	—	N
23	资产权属单位		文本型	是	—	—	—	N
24	维护单位		文本型	是	—	—	—	N
25	维护周期	月	数值型	是	—	—	—	N
26	维保电话		数值型	是	—	—	—	N
27	维护次数	次	数值型	是	—	—	—	N

普通灯具产品信息交付要求 表5-32

序号	字段名称	单位	数据类型	是否必填	P	D	C	M
1	产品名称		文本型	是	—	N	I	R
2	产品编号		字符型	是	—	N	I	I
3	产品型号		文本型	是	—	—	N	—
4	材质说明		文本型	是	—	—	N	—
5	灯具光源		文本型	是	—	—	N	—
6	防护等级		文本型	是	—	—	N	—
7	电流	A	数值型	是	—	—	N	—
8	电压	V	数值型	是	—	—	N	—
9	功率	W	数值型	是	—	—	N	—
10	色温	K	数值型	是	—	—	N	—
11	设计单位		文本型	否	—	N	I	I
12	设计人员		文本型	否	—	N	I	I
13	到货时间		日期型	否	—	—	N	—
14	验收人员		文本型	否	—	—	N	—
15	安装单位		文本型	否	—	—	N	—
16	安装人员		文本型	否	—	—	N	—
17	安装时间		日期型	否	—	—	N	—

续表

序号	字段名称	单位	数据类型	是否必填	P	D	C	M
18	安装说明		文本型	否	—	—	N	—
19	调试时间		日期型	否	—	—	N	—
20	移交时间		日期型	否	—	—	N	—
21	产品合格证书编号		文本型	否	—	—	N	I
22	检验合格证书编号		文本型	否	—	—	N	I
23	厂家名称		文本型	是	—	—	N	I
24	产品规格		文本型	是	—	—	N	I
25	出厂编号		文本型	是	—	—	N	I
26	流量	m^3/h	数值型	是	—	—	N	I
27	使用寿命	年	数值型	是	—	—	N	I
28	保修期	年	数值型	是	—	—	N	I
29	采购价	元	数值型	否	—	—	N	I
30	固定资产编码		字符型	是	—	—	—	N
31	资产权属单位		文本型	是	—	—	—	N
32	维护单位		文本型	是	—	—	—	N
33	维护周期	月	数值型	是	—	—	—	N
34	维保电话		数值型	是	—	—	—	N
35	维护次数	次	数值型	是	—	—	—	N

阀门产品信息交付要求 表5-33

序号	字段名称	单位	数据类型	是否必填	P	D	C	M
1	产品名称		文本型	是	—	N	I	R
2	产品编号		字符型	是	—	N	I	I
3	产品型号		文本型	是	—	—	N	—
4	公称通径	mm	数值型	是	—	—	N	—
5	公称压力	MPa	数值型	是	—	—	N	—
6	壳体压力	MPa	数值型	是	—	—	N	—
7	高压密封压力	MPa	数值型	是	—	—	N	—
8	材质		文本型	是	—	—	N	—
9	连接形式		文本型	是	—	—	N	—
10	设计单位		文本型	否	—	N	I	I
11	设计人员		文本型	否	—	N	I	I
12	到货时间		日期型	否	—	—	N	—
13	验收人员		文本型	否	—	—	N	—

续表

序号	字段名称	单位	数据类型	是否必填	P	D	C	M
14	安装单位		文本型	否	—	—	N	—
15	安装人员		文本型	否	—	—	N	—
16	安装时间		日期型	否	—	—	N	—
17	安装说明		文本型	否	—	—	N	—
18	调试时间		日期型	否	—	—	N	—
19	移交时间		日期型	否	—	—	N	—
20	产品合格证书编号		文本型	否	—	—	N	I
21	检验合格证书编号		文本型	否	—	—	N	I
22	厂家名称		文本型	是	—	—	N	I
23	产品规格		文本型	是	—	—	N	I
24	出厂编号		文本型	是	—	—	N	I
25	流量	m^3/h	数值型	是	—	—	N	I
26	使用寿命	年	数值型	是	—	—	N	I
27	保修期	年	数值型	是	—	—	N	I
28	采购价	元	数值型	否	—	—	N	I
29	固定资产编码		字符型	是	—	—	—	N
30	资产权属单位		文本型	是	—	—	—	N
31	维护单位		文本型	是	—	—	—	N
32	维护周期	月	数值型	是	—	—	—	N
33	维保电话		数值型	是	—	—	—	N
34	维护次数	次	数值型	是	—	—	—	N

雨淋喷头产品信息交付要求　　表 5-34

序号	字段名称	单位	数据类型	是否必填	P	D	C	M
1	产品名称		文本型	是	—	N	I	R
2	产品编号		字符型	是	—	N	I	I
3	产品型号		文本型	是	—	—	N	—
4	流量特性系数		数值型	是	—	—	N	—
5	工作压力	Pa	数值型	是	—	—	N	—
6	平均洒水密度	mm/min	数值型	是	—	—	N	—
7	保护面积	m^2	数值型	是	—	—	N	—
8	连接螺纹		文本型	是	—	—	N	—
9	安装方式		文本型	是	—	—	N	—
10	材质		文本型	是	—	—	N	—

续表

序号	字段名称	单位	数据类型	是否必填	P	D	C	M
11	灭火等级		文本型	是	—	—	N	—
12	设计单位		文本型	否	—	N	I	I
13	设计人员		文本型	否	—	N	I	I
14	到货时间		日期型	否	—	—	N	—
15	验收人员		文本型	否	—	—	N	—
16	安装单位		文本型	否	—	—	N	—
17	安装人员		文本型	否	—	—	N	—
18	安装时间		日期型	否	—	—	N	—
19	安装说明		文本型	否	—	—	N	—
20	调试时间		日期型	否	—	—	N	—
21	移交时间		日期型	否	—	—	N	—
22	产品合格证书编号		文本型	否	—	—	N	I
23	检验合格证书编号		文本型	否	—	—	N	I
24	厂家名称		文本型	是	—	—	N	I
25	产品规格		文本型	是	—	—	N	I
26	出厂编号		文本型	是	—	—	N	I
27	流量	m^3/h	数值型	是	—	—	N	I
28	使用寿命	年	数值型	是	—	—	N	I
29	保修期	年	数值型	是	—	—	N	I
30	采购价	元	数值型	否	—	—	N	I
31	固定资产编码		字符型	是	—	—	—	N
32	资产权属单位		文本型	是	—	—	—	N
33	维护单位		文本型	是	—	—	—	N
34	维护周期	月	数值型	是	—	—	—	N
35	维保电话		数值型	是	—	—	—	N
36	维护次数	次	数值型	是	—	—	—	N

5.3　BIM 应用成果交付要求

5.3.1　文件格式

参考上海市住房和城乡建设管理委员会发布的《本市保障性住房项目应用建筑信息模型技术实施要点》和《上海市保障性住房项目 BIM 技术应用验收评审标准》，结合项目 BIM 应用实际，按应用阶段总结交付成果文件格式，见表 5-35。

保障性住房项目 BIM 技术应用成果文件格式表 表 5-35

应用阶段	必选 / 可选	应用项	成果名称	文件格式	备注
设计阶段	必选项	设计方案比选	方案对比模型	*.rvt	
			方案对应图纸	*.dwg	
			方案比选报告	*.doc（x)/*.ppt（x)	
		建筑结构专业模型构建（初步设计）	建筑、结构专业模型	*.rvt	
			模型对应图纸	*.dwg	
			基本信息	*.rvt	
		建筑结构平立剖面检查	修改后的专业模型	*.rvt	
			模型修改比对报告	*.doc（x)/*.ppt（x)	
			平立剖面检查报告	*.doc（x)/*.ppt（x)	
		各专业模型构建（施工图设计）	各专业模型	*.rvt	
			模型对应图纸	*.dwg	
			基本信息	*.rvt	
		冲突检测及三维管线综合	调整后的模型	*.rvt	
			碰撞检测报告	*.doc（x)/*.ppt（x)	
			管综优化报告	*.doc（x)/*.ppt（x)	
		竖向净空优化	调整后的专业模型	*.rvt	
			优化后的管线排布图纸	*.dwg	
			净空优化报告	*.rvt	
	可选项	场地分析	场地模型	*.rvt	
			场地分析报告	*.doc（x)/*.ppt（x)	
			场地设计优化方案	*.doc（x)/*.ppt（x)	
		建筑性能模拟分析	专项分析模型	*.rvt	
			专项模拟分析报告	*.doc（x)/*.ppt（x)	
			性能综合评估报告	*.doc（x)/*.ppt（x)	
		面积明细表统计	含房间面积信息的建筑专业模型	*.rvt	
			面积明细表	*.rvt	
			基本信息	*.rvt	
		虚拟仿真漫游	动画视频文件	*.avi/*.mp3	
			漫游文件	*.nwd	

续表

应用阶段	必选 / 可选	应用项	成果名称	文件格式	备注
设计阶段	可选项	建筑专业辅助施工图设计	平面图	*.dwg	
			立面图	*.dwg	
			剖面图	*.dwg	
			系统图	*.dwg	
			详图	*.dwg	
施工准备阶段	必选项	施工深化设计	施工深化设计模型	*.rvt	
			深化设计图	*.dwg	
			基本信息	*.rvt	
		施工方案模拟	施工过程演示模型	*.nwd	
			施工过程演示动画视频	*.avi/*.mp3	
			施工方案可行性报告	*.doc（x)/*.ppt（x)	
		构件预制加工	构件预制装配模型	*.rvt	
			构件预制加工图	*.dwg	
			基本信息和编码	*.rvt	
施工实施阶段	必选项	质量安全管理	施工安全设施配置模型	*.rvt	
			施工质量检查与安全分析报告	*.doc（x)/*.ppt（x)	
			现场信息和数据在模型上更新的及时性	—	
		竣工模型构建	竣工模型	*.rvt	
			属性信息	*.rvt	
			竣工验收文档资料	*.doc（x)	
	可选项	虚拟进度和实际进度对比	施工进度管理模型	*.nwd	
			施工进度控制报告	*.doc（x)/*.ppt（x)	
		工程量统计	造价管理模型	*.rvt	
			工程量报表	*.xls（x)	
			编制说明	*.xls（x)	
		设备和材料管理	施工设备和材料管理模型	*.rvt	
			施工作业面设备与材料表	*.xls（x)	
			信息及时更新	*.rvt	
运维阶段	必选项	运维系统建设	基于 BIM 的运维管理系统	*.html/*.exe	
			运维实施手册	*.pdf	
			运行记录	*.pdf	

续表

应用阶段	必选 / 可选	应用项	成果名称	文件格式	备注
运维阶段	必选项	建筑设备运行管理	建筑设备运行管理系统	*.html/*.exe	
			建筑设备运行管理方案	*.pdf	
			运行记录	*.pdf	
	可选项	空间管理	空间管理系统	*.html/*.exe	
			空间管理方案	*.pdf	
			运行记录	*.pdf	
		资产管理	资产管理系统	*.html/*.exe	
			资产管理方案	*.pdf	
			运行记录	*.pdf	
构件预制阶段	必选项	预制构件深化建模	预制构件深化模型构建	*.rvt	
			输出深化设计图纸	*.dwg	
			基本信息	*.rvt	
		预制构件的碰撞检查	预制构件之间的碰撞	*.nwd	
			预制构件安装时的支撑碰撞	*.nwd	
			预制构件与现浇部分的碰撞	*.nwd	
			土建和机电的碰撞	*.nwd	
			碰撞检查报告	*.doc（x）	
		预制构件材料统计	混凝土工程量统计	*.xls（x）	
			钢筋工程量统计	*.xls（x）	
			金属预埋件统计	*.xls（x）	
			门窗预埋件统计	*.xls（x）	
			机电预埋件统计	*.xls（x）	
			吊件预埋件统计	*.xls（x）	
		BIM 模型指导构件生产	预制构件加工模型	*.nwd	
			BIM 模型三维交底	*.pdf	
			辅助模型指导构件加工	*.pdf	
		预制构件安装模拟	安装顺序模拟	*.nwd	
			施工组织模拟	*.nwd	
			场地布置模拟	*.nwd	

续表

应用阶段	必选 / 可选	应用项	成果名称	文件格式	备注
构件预制阶段	必选项	预制构件安装模拟	技术交底	*.pdf	
			模拟动画文件	*.avi/*.mp3	
	可选项	BIM 模型导出预制构件加工图	BIM 模型导出深化设计图	*.dwg	
			图模一致	—	
			图纸符合规范，满足生产要求	—	
		预制构件信息管理	RFID 芯片或二维码管理构件	软件	
			构件信息与分类编码	软件	
			跟踪生产、物流、堆放和安装管理	软件	
			信息更新	软件	

5.3.2　报告类成果交付要求

1. 封面
2. 目录
3. 提交单位
4. 提交时间
5. 编写人、审核人
6. 成果主体内容和结论

5.3.3　动画视频类成果交付要求

1. 分辨率 1280 × 720 及以上
2. 封面
3. 提交单位
4. 提交时间
5. 主体内容

5.3.4 表格类成果交付要求

1. 封面
2. 提交单位
3. 提交时间
4. 汇总表
5. 明细表

5.3.5 图纸类成果交付要求

1. 图框
2. 图名
3. 尺寸标注
4. 图纸说明
5. 图纸名称
6. 出图单位
7. 出图人
8. 审核人

5.4 BIM应用流程成果交付要求

5.4.1 BIM组织架构

1. BIM团队组织架构图
2. BIM团队人员名单
3. BIM经理岗位职责表
4. BIM团队岗位职责表等

5.4.2 BIM实施团队

1. BIM团队考核情况表
2. BIM经理变更审批表（如有）
3. BIM经理工作交接表（如有）
4. BIM团队人员变更审批表（如有）

5. BIM 团队人员变更交接表（如有）
6. 项目 BIM 各类获奖证书等

5.4.3　BIM 机制流程

1. BIM 实施方案（含应用流程）
2. BIM 会议纪要（含签到表）
3. BIM 成果检查记录
4. BIM 收发文件登记表
5. BIM 培训计划及开展情况
6. BIM 培训照片等

5.5　BIM 应用效益情况成果交付要求

5.5.1　BIM 合同履行

1. BIM 服务合同
2. BIM 合同交付成果条款
3. BIM 成果交付记录等

5.5.2　BIM 费用预算

1. BIM 预算明细
2. BIM 合同阶段付款条款
3. BIM 合同付款记录
4. BIM 预算调整审批表（如有）等

5.5.3　BIM 效益分析

1. BIM 效益分析方法
2. 阶段 BIM 效益总结报告等

第 6 章

全过程监管应用

根据第 4 章提出的基于改进平衡计分卡的保障性住房 BIM 技术应用过程监管评价方法，在第 3 章和第 5 章梳理的 BIM 技术应用监管内容和成果交付要求的基础上，本章结合上海市大团镇 17-01 地块征收安置房项目进行示范应用，验证保障性住房 BIM 应用过程监管方法的可行性。

6.1 项目概况

6.1.1 工程概况

上海市大团镇 17-01 地块征收安置房项目为上海市浦东新区安置房项目，由农工商房地产集团汇慈（上海）置业有限公司开发，位于上海市浦东新区，地块东至南团公路，南至永旺路，西至通流路，北至永晨路。规划总用地面积 40764.5m^2，总建筑面积 100854.68m^2。包括 1 幢 16 层高层住宅、8 幢 17 层高层住宅，1 个人防地下车库及其他配套用房。项目效果图如图 6-1 所示。

图 6-1 上海市大团镇 17-01 地块征收安置房项目鸟瞰图

6.1.2　BIM 应用项

本项目在整个项目建设过程中采用 BIM 应用技术。包括设计、施工准备、构件预制、施工实施 4 个阶段，不含运维阶段。从上海市住房和城乡建设管理委员会发布的《本市保障性住房项目应用建筑信息模型技术实施要点》30 个应用点中选取 16 个必选项和 6 个可选项，共 22 个应用点。希望通过基于 BIM 可视化、数字化、信息化的特点，最终形成一个包含丰富数据的 BIM 模型，为该项目整个建筑建设过程提供优化设计、施工指导及配合预制构件数字化生产。具体 BIM 应用项见表 6-1。

项目 BIM 应用项列表　　表 6-1

《本市保障性住房项目应用建筑信息模型技术实施要点》（沪建建管〔2016〕1124 号）								
序号	应用阶段		应用项	必选项	可选项	本项目应用项		
						必选项	可选项	附加项
1	设计阶段	方案设计	场地分析		√			
2			建筑性能模拟分析		√			
3			设计方案比选	√		√		
4		初步设计	建筑、结构专业模型构建	√		√		
5			建筑结构平立剖面检查	√		√		
6			面积明细表统计		√			
7		施工图设计	各专业模型构建	√		√		
8			冲突检测及三维管线综合	√		√		
9			竖向净空优化	√		√		
10			虚拟仿真漫游		√		√	
11			建筑专业辅助施工图设计		√		√	
12	施工阶段	施工准备	施工深化设计	√		√		
13			施工方案模拟	√		√		
14			构件预制加工	√		√		
15		施工实施	虚拟进度和实际进度比对		√		√	
16			工程量统计		√		√	
17			设备和材料管理		√		√	
18			质量安全管理	√		√		
19			竣工模型构建	√		√		
20	运维阶段	运维	运维系统建设	√				
21			建筑设备运行管理	√				
22			空间管理		√			
23			资产管理		√			

续表

《本市保障性住房项目应用建筑信息模型技术实施要点》（沪建建管〔2016〕1124号）								
序号	应用阶段		应用项	必选项	可选项	本项目应用项		
						必选项	可选项	附加项
24	构件预制阶段	构件预制	预制构件深化建模	√		√		
25			预制构件的碰撞检查	√		√		
26			BIM模型导出预制构件加工图		√			
27			预制构件材料统计	√		√		
28			BIM模型指导构件生产	√		√		
29			预制构件安装模拟	√		√		
30			预制构件信息管理		√		√	

6.1.3 组织架构

本项目参建单位多、部门及参与人员多，BIM实施管理较为复杂，一个好的组织架构，是实现密切协作、高效管理的前提。

本项目组织结构采用分层次的协调管理和项目经理负责制的管理体系来实现组织保证，明确各机构职责，建立工程建设过程中的各项BIM管理制度，确保在BIM技术的协同下工程圆满、顺利完工。具体BIM项目管理组织结构如图6-2所示。建设单位、设计单位、施工单位BIM实施团队具体情况见表6-2～表6-4。

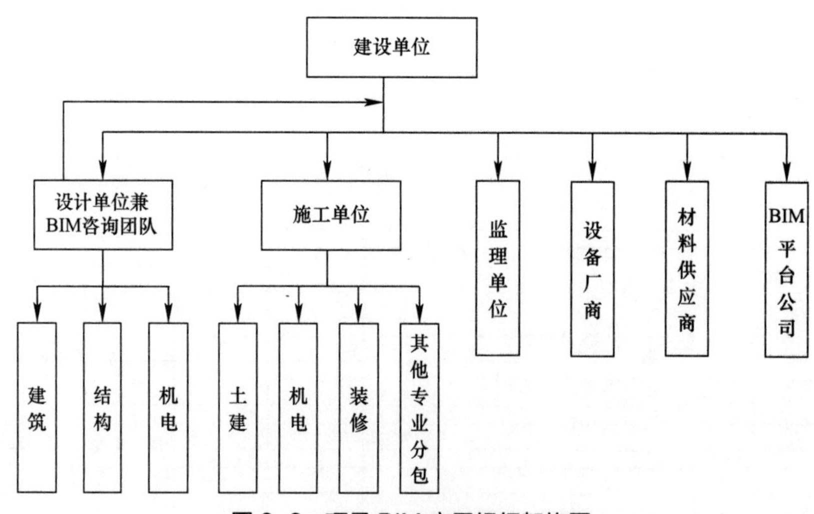

图6-2 项目BIM应用组织架构图

建设单位 BIM 实施团队　　表 6-2

架构	团队角色	适合人选	数量	责任
项目领导层	项目总经理	高层管理人员	1 名	负责项目监督和组织落实，实施方案的审核
项目管理层	项目负责人	现场管理人员	1 名	负责项目的执行和具体操作统筹，实施方案的制定，实施进度的把控
现场 BIM 运用层	土建专业负责人	土建工程师	4 名	负责项目土建相关专业的 BIM 协调工作
	机电专业负责人	安装工程师	1 名	负责项目机电安装相关专业的 BIM 协调工作
	BIM 平台管理人员	相关协调人员	3 名	负责指导现场人员 BIM 平台的使用，对 BIM 平台进行日常维护。收集现场应用情况以及反馈问题，进行优化与调试

设计单位 BIM 实施团队　　表 6-3

架构	团队角色	适合人选	数量	责任
项目领导层	项目经理	高层管理人员	1 名	负责项目监督和组织落实，实施方案的审核
项目管理层	项目负责人	高级 BIM 工程师	1 名	负责项目的执行和具体操作统筹，实施方案的制定，实施进度的把控，项目调研
项目实施层	建筑专业负责人	BIM 工程师	1 名	负责建筑 BIM 模型的建立，专业技术协调管理，BIM 服务内容的实施和沟通
	结构专业负责人	BIM 工程师	1 名	负责结构 BIM 模型的建立，专业技术协调管理，BIM 服务内容的实施和沟通
	机电专业负责人	BIM 工程师	1 名	负责机电 BIM 模型的建立，专业技术协调管理，BIM 服务内容的实施和沟通
	各专业建模人员	BIM 工程师	多名	建立、协同各专业 BIM 模型

施工单位 BIM 实施团队　　表 6-4

团队角色	适合人选	数量	责任
项目总监	企业领导	1 名	监督、检查项目执行进展
项目经理	公司负责项目高层领导	1 名	负责项目的管理、协调、统筹、审批、资源调配。 负责项目部内部的培训组织、考核、评审
土建专业负责人（技术 / 经济）	土建技术负责人 / 土建预算员	5 名	负责提供并确认施工 BIM 模型建立、维护、共享、管理相关的施工图纸（含电子版图纸）、图纸设计变更、签证单、技术核定单、工程联系单、施工方案、建模需求、土建工程资料等全部资料内容。 负责审核、确认 BIM 模型及数据。配合 BIM 技术总负责人确定项目进度和相关技术要求补充内容。 负责土建专业各相关工作协调、配合

续表

团队角色	适合人选	数量	责任
安装专业负责人（技术/经济）	安装技术负责人（分包）/安装预算员（分包）	5名	负责提供并确认BIM模型建立、维护、共享、管理相关的施工图纸（含电子版图纸）、图纸设计变更、签证单、技术核定单、工程联系单、施工方案、建模需求、安装工程资料等全部资料。 负责审核、确认BIM模型及数据。配合BIM技术总负责人确定项目进度和相关技术要求补充内容。 负责安装专业各相关工作协调、配合
现场BIM技术员	现场核算员或相关协调人员	多名	负责现场与实施方BIM小组进行工作对接；负责协助实施方进行BIM模型维护；负责确认实际施工进度并协助维护BIM进度模型的时间维；配合实施方对现场人员进行应用培训和指导；协助收集现场应用情况以及反馈问题等。负责辅助项目经理进行项目信息化软硬件的调试、测试、对接、应用推广等

6.1.4 BIM实施各方职责

1. 建设单位BIM实施职责

① 在项目各个阶段对BIM的实施进行统筹、协调、管理。

② 确定项目BIM执行计划及相关方工作时间节点。

③ 审核与验收各阶段项目参与方提交的BIM成果，并提交各阶段BIM成果审核意见，进行BIM成果归档。

④ 充分挖掘BIM技术在工程中的使用价值，保证工程质量提升、进度加快及效益提高。

2. 设计单位BIM实施职责

各设计单位应完成业主方合同规定范围内的设计工作。并对BIM咨询团队提出的有关图纸的问题，作出合理的回复，需要对图纸进行修改的，修改图纸，减少后期的变更。

3. 施工总承包单位BIM实施职责

（1）组建BIM实施团队，与BIM实施团队对项目BIM实施技术进行交底。

（2）管理协同平台权限的分配，通过项目协同平台共同维护及更新施工阶段BIM数据。

4. 专业分包单位BIM实施职责

本项目的专业分包单位，应负责合同范围内的BIM模型深化、更新和维护工作，利用 BIM 模型指导施工，配合总承包单位的 BIM 工作，并提供相应的 BIM 应用成果。

6.1.5　预计效益

1. 预计投入

BIM 应用费用由平台搭设与维护、设计阶段、构件预制阶段、施工准备阶段和施工实施阶段几个部分的费用组成。总预算 400 万元，具体包括：平台搭设与维护费用 120 万元，设计阶段费用 70 万元、施工准备阶段费用 80 万元、构件预制阶段费用 70 万元、施工实施阶段费用 60 万元。

2. 预计产出

在建设中引进 BIM 技术可以避免在设计、施工中的信息零碎化、孤立化；形成各参建单位的信息交互平台；进行碰撞检查、空间管理、工序进度管理、改进和弥补设计施工中的某些不足。

管理方面。在地下车库中，管线碰撞冲突十分普遍，极易因返工造成材料浪费以及进度损失，在利用了 BIM 技术后，预计项目实施人员的返工率将减少 13% 左右。

工期方面。工程进度是施工项目管理的重点管理目标，由于不易于量化测算，所以 BIM 技术对工程进度的影响作用估计为 5% 左右。

成本方面。利用 BIM 技术进行工程量的计算，能将传统计算的 3%～5% 的误差降低到 2% 左右。

3. 预计效益

① 加快工期进度 5%。
② 大幅提升预算控制能力，减少签证变更。
③ 减少返工率 13%，有利于改善工程质量。
④ 提前预见问题，减少危险因素。
⑤ 工程量误差降低到 2% 左右。
⑥ 建立企业自己的 BIM 中心。

6.2　BIM 模型的监管应用

BIM 模型文件夹中一共包括方案设计模型、初步设计模型、施工图模型、施工深化模型、竣工模型和运维模型 6 个文件夹。

6.2.1 方案设计模型

方案设计模型为 *.skp 格式，文件夹中包括设计方案一和设计方案二两个设计方案模型。

模型计分卡得分见表 6-5。

项目方案设计 BIM 模型计分卡　　表 6-5

保障性住房 BIM 技术应用过程监管 BIM 模型计分卡		
BIM 模型得分		98
模型阶段	☑方案设计模型　□初步设计模型　□施工图模型 □施工深化模型　□竣工模型　□运维模型	
完整性		得分
模型文件目录结构完整	主控项目	—
模型专业完整	主控项目	100
轴网无缺漏	主控项目	—
标高包含所有区域	主控项目	—
模型内容完整	一般项目	80
规范性		得分
坐标系设置统一	主控项目	—
模型链接统一	主控项目	—
模型拆分规范	主控项目	—
颜色设置规范	一般项目	100
模型文件命名规范	一般项目	100
模型单元命名规范	一般项目	—
无冗余模型单元	一般项目	—
合规性		得分
模型单元几何表达精度符合标准要求	一般项目	100
模型单元属性信息深度符合标准要求	一般项目	—
图模一致	一般项目	100
准确性		得分
模型单元几何尺寸准确	主控项目	100
模型单元属性信息准确	一般项目	—
扣分情况说明	模型内容完整检查项扣 20 分，建筑专业模型内容（3）建筑空间划分，缺少垂直交通运输设施；结构专业模型内容（1）混凝土结构主要构件布置，缺少梁	

注：方案设计模型得分根据涉及计分项打分后折算。

6.2.2 初步设计模型

初步设计模型为*.rvt格式，文件夹中包括场地模型、地下车库模型、1～9号楼模型、1个配套用房（10号楼）模型、3个变电站（11～13号楼）模型。

模型计分卡得分见表6-6。

项目初步设计BIM模型计分卡 表6-6

保障性住房BIM技术应用过程监管 BIM模型计分卡		
BIM模型得分		93
模型阶段	□方案设计模型 ☑初步设计模型 □施工图模型 □施工深化模型 □竣工模型 □运维模型	
完整性		得分
模型文件目录结构完整	主控项目	100
模型专业完整	主控项目	100
轴网无缺漏	主控项目	100
标高包含所有区域	主控项目	100
模型内容完整	一般项目	80
规范性		得分
坐标系设置统一	主控项目	100
模型链接统一	主控项目	100
模型拆分规范	主控项目	100
颜色设置规范	一般项目	100
模型文件命名规范	一般项目	100
模型单元命名规范	一般项目	80
无冗余模型单元	一般项目	100
合规性		得分
模型单元几何表达精度符合标准要求	一般项目	100
模型单元属性信息深度符合标准要求	一般项目	60
图模一致	一般项目	80
准确性		得分

续表

模型单元几何尺寸准确		主控项目	100
模型单元属性信息准确		一般项目	60
扣分情况说明	1. 模型内容完整检查项扣20分，建筑专业模型内容（3）建筑空间划分，缺少垂直交通运输设施；结构专业模型内容（1）混凝土结构主要构件布置，缺少梁。 2. 模型单元命名规范检查项扣20分。 3. 模型单元属性信息深度符合标准要求检查项扣40分。 4. 图模一致检查项扣20分。 5. 模型单元属性信息准确检查项扣40分		

6.2.3 施工图模型

施工图模型文件夹中包括定位模型、场地模型、1～9号楼模型、10号楼配套用房模型、11～13号楼配电站模型、地下车库模型。

模型计分卡得分见表6-7。

项目施工图BIM模型计分卡　　表6-7

保障性住房BIM技术应用过程监管 BIM模型计分卡			
BIM模型得分			90
模型阶段	□方案设计模型 □初步设计模型 ☑施工图模型 □施工深化模型 □竣工模型 □运维模型		
完整性			得分
模型文件目录结构完整		主控项目	100
模型专业完整		主控项目	100
轴网无缺漏		主控项目	100
标高包含所有区域		主控项目	100
模型内容完整		一般项目	80
规范性			得分
坐标系设置统一		主控项目	100
模型链接统一		主控项目	100
模型拆分规范		主控项目	100
颜色设置规范		一般项目	100
模型文件命名规范		一般项目	100
模型单元命名规范		一般项目	80

续表

无冗余模型单元	一般项目	80
合规性		得分
模型单元几何表达精度符合标准要求	一般项目	80
模型单元属性信息深度符合标准要求	一般项目	60
图模一致	一般项目	80
准确性		得分
模型单元几何尺寸准确	主控项目	100
模型单元属性信息准确	一般项目	60
扣分情况说明	1. 模型内容完整性检查项扣 20 分，建筑专业模型内容（3）建筑空间划分，缺少垂直交通运输设施；结构专业模型内容（1）混凝土结构主要构件布置，缺少梁。 2. 模型单元命名规范检查项扣 20 分。 3. 无冗余模型单元检查项扣 20 分。 4. 模型单元几何表达精度符合标准要求检查项扣 20 分。 5. 模型单元属性信息深度符合标准要求检查项扣 40 分。 6. 图模一致检查项扣 20 分。 7. 模型单元属性信息准确检查项扣 40 分	

6.2.4　施工深化模型

施工深化模型包括样板间深化模型、预制构件深化模型和 B 户型转角处灌浆孔现浇暗柱深化模型 3 个文件夹，预制构件深化模型仅包括 3 个户型模型，施工深化模型专业不完整，需要补充完整后再进行打分。

6.2.5　竣工模型

竣工模型文件夹中包括定位模型、场地模型、1～9 号楼模型、10 号楼配套用房模型、11～13 号楼配电站模型、地下车库模型。

模型计分卡得分见表 6-8。

项目竣工 BIM 模型计分卡　　表 6-8

保障性住房 BIM 技术应用过程监管 BIM 模型计分卡	
BIM 模型得分	92
模型阶段	□方案设计模型　□初步设计模型　□施工图模型 □施工深化模型　☑竣工模型　□运维模型

续表

完整性		得分
模型文件目录结构完整	主控项目	100
模型专业完整	主控项目	100
轴网无缺漏	主控项目	100
标高包含所有区域	主控项目	100
模型内容完整	一般项目	80
规范性		得分
坐标系设置统一	主控项目	100
模型链接统一	主控项目	100
模型拆分规范	主控项目	100
颜色设置规范	一般项目	100
模型文件命名规范	一般项目	100
模型单元命名规范	一般项目	80
无冗余模型单元	一般项目	80
合规性		得分
模型单元几何表达精度符合标准要求	一般项目	90
模型单元属性信息深度符合标准要求	一般项目	80
图模一致	一般项目	80
准确性		得分
模型单元几何尺寸准确	主控项目	100
模型单元属性信息准确	一般项目	80
扣分情况说明	1. 模型内容完整检查项扣20分，建筑专业模型内容（3）建筑空间划分，缺少垂直交通运输设施；结构专业模型内容（1）混凝土结构主要构件布置，缺少梁。 2. 模型单元命名规范检查项扣20分。 3. 无冗余模型单元检查项扣20分。 4. 模型单元几何表达精度符合标准要求检查项扣10分。 5. 模型单元属性信息深度符合标准要求检查项扣20分。 6. 图模一致检查项扣20分。 7. 模型单元属性信息准确检查项扣20分	

6.2.6 运维模型

本项目不涉及运维阶段BIM应用，因此无运维模型。

6.3　BIM 应用成果的监管应用

6.3.1　设计阶段应用

设计阶段 BIM 应用包括设计方案比选、建筑结构平立剖面检查、冲突检测及三维管线综合、竖向净空优化、虚拟仿真漫游和建筑专业辅助施工图设计。根据建设单位提交的书面材料，设计阶段 BIM 应用评分见表 6-9。

项目设计阶段 BIM 应用计分卡　　表 6-9

<table>
<tr><td colspan="3">保障性住房 BIM 技术应用过程监管
BIM 应用计分卡</td></tr>
<tr><td colspan="2">BIM 应用得分</td><td>82</td></tr>
<tr><td colspan="2">设计阶段</td><td>得分</td></tr>
<tr><td>设计方案比选</td><td>必选项目</td><td>80</td></tr>
<tr><td>建筑结构平立剖面检查</td><td>必选项目</td><td>80</td></tr>
<tr><td>冲突检测及三维管线综合</td><td>必选项目</td><td>70</td></tr>
<tr><td>竖向净空优化</td><td>必选项目</td><td>85</td></tr>
<tr><td>□场地分析
□面积明细表统计
☑虚拟仿真漫游
☑建筑专业辅助施工图设计</td><td>可选项目</td><td>95</td></tr>
<tr><td>扣分情况说明</td><td colspan="2">1. 设计方案比选缺少结论。对功能性进行了比选，但对可行性和美观性没有比选。
2. 平立剖面检查缺少错误修正情况，未形成闭环。
3. 冲突检测及三维管线综合问题不完整，未逐个形成闭环。
4. 净空优化缺少设计单位确认，未形成闭环</td></tr>
</table>

6.3.2　施工准备阶段应用

施工准备阶段 BIM 应用包括施工深化设计、施工方案模拟和构件预制加工。根据建设单位提交的书面材料，施工准备阶段 BIM 应用评分见表 6-10。

项目施工准备阶段BIM应用计分卡　表6-10

保障性住房BIM技术应用过程监管 BIM应用计分卡		
BIM应用得分		73
施工准备阶段		得分
施工深化设计	必选项目	90
施工方案模拟	必选项目	50
构件预制加工	必选项目	80
扣分情况说明	1. 施工深化设计针对样板间、转角灌浆孔现浇暗柱进行了深化设计，清晰表达了关键节点的施工方法，并由模型直接输出深化设计图纸，能够有效指导施工作业。但工程实体基本信息不完整，需要进一步完善。 2. 施工方案模拟仅提供了1项施工场地布置方案模拟视频。未体现重难点施工方案，缺少施工工法和顺序，缺少重难点分析，缺少优化方案，缺少施工方案可行性报告。 3. 构件预制加工应用项成果需要单列，需要在现有构件预制阶段成果基础上进一步整理，缺少预制加工界面范围、编号顺序及标注、现场确认及调整情况	

6.3.3 构件预制阶段应用

构件预制阶段BIM应用包括预制构件深化建模、预制构件碰撞检查、预制构件材料统计、BIM模型指导构件生产、预制构件安装模拟和预制构件信息管理。根据建设单位提交的书面材料，构件预制阶段BIM应用评分见表6-11。

项目构件预制阶段BIM应用计分卡　表6-11

保障性住房BIM技术应用过程监管 BIM应用计分卡		
BIM应用得分		73
构件预制阶段		得分
预制构件深化建模	必选项目	85
预制构件碰撞检查	必选项目	75
预制构件材料统计	必选项目	50
BIM模型指导构件生产	必选项目	85
预制构件安装模拟	必选项目	50
□ BIM模型导出预制构件加工图 ☑ 预制构件信息管理	可选项目	90

续表

扣分情况说明	1. 预制构件深化建模缺少预留洞口的尺寸和位置、各类埋件的材料信息、与预制构件相连部分的现浇构件的钢筋信息，缺少输出的深化图纸。 2. 预制构件碰撞检查未包含构件安装时的支撑碰撞、土建和机电碰撞，碰撞问题不完整，未逐个形成闭环。 3. 预制构件材料统计仅包含混凝土工程量统计，未包含钢筋、金属预埋件、门窗预埋件等工程量。 4.BIM 模型指导构件生产缺少三维交底记录。 5. 预制构件安装模拟仅包含预制墙安装，缺少场地布置、塔式起重机布置、材料运输和堆放、吊装等模拟，缺少施工交底记录。 6. 预制构件信息管理未看到构件生产厂家、生产日期、主要材料等信息

6.3.4 施工实施阶段应用

施工实施阶段 BIM 应用包括质量安全管理、竣工模型构建、虚拟进度和实际进度对比、工程量统计、设备和材料管理。根据建设单位提交的书面材料，施工实施阶段 BIM 应用评分见表 6-12。

项目施工实施阶段 BIM 应用计分卡　　表 6-12

<table>
<tr><td colspan="3">保障性住房 BIM 技术应用过程监管
BIM 应用计分卡</td></tr>
<tr><td colspan="2">BIM 应用得分</td><td>67</td></tr>
<tr><td colspan="2">施工实施阶段</td><td>得分</td></tr>
<tr><td>质量安全管理</td><td>必选项目</td><td>50</td></tr>
<tr><td>竣工模型构建</td><td>必选项目</td><td>80</td></tr>
<tr><td>☑虚拟进度和实际进度对比
☑工程量统计
☑设备和材料管理</td><td>可选项目</td><td>70</td></tr>
<tr><td>扣分情况说明</td><td colspan="2">1. 质量安全管理缺少施工安全设置配置模型、施工质量检查与安全分析报告。
2. 竣工模型构建没有根据施工变更及时更新相关材料，缺少部分设备和产品厂家信息。
3. 进度对比缺少施工进度控制报告，工程量统计品类不完整，设备和材料管理未能按阶段性、区域性分别输出不同作业面的设备与材料表</td></tr>
</table>

6.3.5 运维阶段应用

本项目不涉及运维阶段 BIM 应用。

6.4 BIM 应用流程的监管应用

6.4.1 BIM 组织架构

本项目 BIM 组织架构采用业主主导，设计方辅助管理，设计单位、施工单位、监理单位、预制构件厂等参建单位共同参与的方式。该组织方式与项目实际匹配，实施全过程中一直被参建各方遵循。

参建各方有明确的 BIM 职责分工表，并在实际中贯彻实施。

6.4.2 BIM 实施团队

项目 BIM 经理由建设单位 BIM 负责人苏雯担任，苏雯具有丰富的专业工作经验和技术管理经验。全程无变动。每周跟进 BIM 实施进展，不定期组织并参加 BIM 专题会议、现场观摩会。

BIM 团队人员包括建设单位、设计单位、施工单位、监理单位、咨询单位等参与 BIM 实施的相关人员，专业齐全，人员经验丰富。BIM 团队人员分工明确，责任到人。关键岗位人员全程无变动。团队有完善的人才培养机制，项目实施期间，培养了多名 BIM 年轻技术人员，并且他们还取得了 BIM 技能证书。

本项目被列为“2018 年浦东新区惠南分站质量月”现场观摩工地，获得 2018 年“浦发杯”BIM 技术应用创新劳动竞赛“优秀组织奖”及“成果发布三等奖”。

6.4.3 BIM 机制流程

本项目建立了较为完善的 BIM 管理机制和流程，包括 BIM 专题会议机制、BIM 邮件管理机制、BIM 文档资料管理机制等，建立了 BIM 协同管理平台，将 BIM 工作融入项目建设过程，较好地发挥了 BIM 技术在进度、质量、投资管理中的作用。

项目 BIM 流程计分卡见表 6-13。

项目 BIM 流程计分卡 表6-13

保障性住房 BIM 技术应用过程监管 BIM 流程计分卡	
BIM 流程得分	91
组织架构	**得分**
业主主导作用明显	10
参建各方共同参与且职责清晰	10
组织架构与项目实际需要匹配	10
实施团队	**得分**
团队人员职责清晰执行到位	10
BIM 经理技术管理经验丰富	10
团队人员专业配置完善	9
团队稳定性好	9
项目获得各类 BIM 奖项	8
机制流程	**得分**
BIM 应用流程与项目管理融合程度高	9
BIM 问题整改形成闭环	6
BIM 会议不定期举行并形成会议纪要	10
BIM 技术成果与项目实施过程匹配	8

注：每项最高分为 10 分，总分为各项加权得分，满分为 100 分。

6.5 BIM 应用效益的监管应用

6.5.1 合同履行

建设单位与设计单位签订了单独的 BIM 技术服务合同，设计方按照合同约定的节点和内容及时交付了 BIM 成果。建设单位按照合同约定的节点付款。本项目合同履行过程中未产生纠纷事件。

6.5.2 费用预算

BIM 合同有明确的 BIM 应用费用明细，本项目实际费用与预算费用一致、无调整。

6.5.3 效益分析

对各阶段结合实际应用情况进行效益分析，本项目经济和社会效益明显。项目BIM效益计分卡见表6-14。

项目BIM效益计分卡　表6-14

保障性住房BIM技术应用过程监管 BIM效益计分卡	
BIM效益得分	97
合同履行	得分
按合同约定阶段提交BIM成果	10
BIM成果交付记录完整	10
费用预算	得分
按费用预算节点和数额支付BIM款项	9
BIM款项付款记录完整	10
效益分析	得分
形成BIM效益计算方法	9
阶段BIM效益计算合理	10

注：每项最高分为10分，总分为各项加权得分，满分为100分。

6.6 BIM各阶段总评得分

对每个阶段需要分别进行总评，以施工阶段为例，项目总评得分见表6-15。

项目总评计分卡　表6-15

保障性住房BIM技术应用过程监管 总评计分卡	
基本信息	
日期	2020年11月26日
项目信息	
项目名称	大团镇17-01地块征收安置房项目
报建号	
保障性住房类型	○动迁安置房　○共有产权房
位置（地址）	上海市浦东新区，东至南团公路，南至永旺路，西至通流路，北至永晨路
建筑面积	101000.37m^2

续表

<table>
<tr><td>当前阶段</td><td colspan="4">○设计 ○施工准备 ⊙施工（含预制构件） ○运维</td></tr>
<tr><td rowspan="5">参与单位</td><td>建设单位</td><td>农工商房地产集团汇慈（上海）置业有限公司</td><td>运营单位</td><td>—</td></tr>
<tr><td>设计单位</td><td>上海城乡建筑设计院有限公司</td><td>专项设计单位</td><td>—</td></tr>
<tr><td>施工单位</td><td>上海城邦建设集团有限公司</td><td>专业分包</td><td>—</td></tr>
<tr><td>监理单位</td><td>上海同建工程建设监理咨询有限公司</td><td>项目管理单位</td><td>—</td></tr>
<tr><td>咨询单位</td><td>—</td><td>其他单位</td><td>—</td></tr>
<tr><td>BIM 负责人（单位和姓名）</td><td colspan="4">农工商房地产集团汇慈（上海）置业有限公司，苏雯</td></tr>
<tr><td>项目开工日期</td><td colspan="4">2018 年 3 月</td></tr>
<tr><td>项目竣工日期</td><td colspan="4">现场施工已全部完成，预计 2020 年 12 月竣工验收</td></tr>
<tr><td colspan="5">项目 3D 模型效果图</td></tr>
</table>

<table>
<tr><td>BIM 模型得分</td><td>92</td><td>BIM 应用得分</td><td>67</td></tr>
<tr><td>BIM 流程得分</td><td>91</td><td>BIM 效益得分</td><td>97</td></tr>
<tr><td>总评分</td><td>87</td><td>等级</td><td>绿色</td></tr>
<tr><td>评语</td><td colspan="3">建模规范，模型细度符合要求；流程合理，能将 BIM 技术融入项目管理过程中，取得了较为明显的经济和社会效益。建议在 BIM 应用方面对照验收标准进一步完善</td></tr>
</table>

第7章

结论与展望

7.1 结　论

本书根据保障性住房过程监管特点，针对目前保障性住房BIM技术应用过程监管存在空白、项目实际应用BIM情况无法实时掌控和跟踪、监管信息不完整、监管方法缺失等现状，阐述了保障性住房BIM应用全过程监管组织、内容、方法和成果交付要求等过程监管要点并结合案例进行应用验证，有助于对项目实施各阶段的BIM技术实际应用情况做到全局掌控，最终为保障性住房项目BIM技术顺利验收评审奠定基础。主要成果归纳如下。

1. 系统梳理了保障性住房BIM应用过程监管内容和成果交付要求

从BIM模型、BIM应用成果、BIM应用流程、BIM应用效益4个维度和设计阶段、施工准备阶段、构件预制阶段、施工实施阶段和运维阶段5个阶段，对保障性住房BIM应用过程中的监管内容和成果交付要求进行了系统梳理，实现了对保障性住房BIM技术应用的全方位、全过程监管。

2. 创新提出基于改进平衡计分卡的保障性住房BIM技术应用过程监管方法

在平衡计分卡的基础上进行改进，提出了基于改进平衡计分卡的保障性住房BIM技术应用过程监管方法，保留了财务价值、内部流程指标，同时将“客户视角”调整为注重BIM的“模型视角”，将“学习与发展”调整为考虑BIM解决问题效果的“应用落地”，改变了以往单一使用财务指标衡量绩效的传统做法，改善了单纯的财务指标环节单一、广度不够、深度不够的缺点，更适用于保障性住房BIM应用过程监管。

7.2 展　望

自2015年6月，住房和城乡建设部发布《关于推进建筑信息模型应用的指导意见》(建质函〔2015〕159号)以来，7年时间里，全国的BIM技术取得了长足发展，一大批规模以上建设项目积极应用 BIM 技术，BIM 应用水平显著提高。保障性住房 BIM 应用具有费用计入成本的财政扶持政策优势，理应在 BIM 模型质量、应用水平和实际效益上有更高要求。本书仅在保障性住房 BIM 技术应用过程监管的技术要点和管理方法方面进行了研究，要把 BIM 过程监管真正落到实处，后续需要攻克的难点还有很多，主要包括以下几点。

1. 施工图 BIM 模型审查

在施工图电子审图的基础上，开发智能审模系统，自动对二维施工图和 BIM 模型进行图模一致性检查，对规范强制性条款、模型信息等进行检查并提出详细修改意见，提高施工图审查的质量和效率。

2. BIM 应用过程监管数字化

对接一网通办系统，将 BIM 技术过程监管纳入监管部门程序监管内容，形成过程监管数据库，根据考评将项目分为不同类别，实行差别化监管，不同类别的项目有不同的监管频率。对数据显示监管欠缺的企业，强化监管；对数据显示监管较好的企业，减少或简化监管程序，甚至“免检”。对不同的企业设定不同的监管方式、监管频度，使得有限的监督资源作用得到充分发挥，保证监管的有效性。

3. 基于 BIM 的数字化城建档案管理

在线接收、存储建设单位移交的建设工程 BIM 模型及应用文件，提供 WEB 端模型在线轻量化浏览服务，并与建设工程电子档案挂接，实现 BIM 查档。

4. 大数据应用

开发政府 BIM 监管平台收集海量数据，形成工程项目数据库、施工方案数据库、重大危险源数据库、关键节点数据库与竣工资料数据库等，基于数据库进行各种后续延伸应用；通过大数据分析应用可为政府部门制定政策提供参考，提供决策支持。

参考文献

［1］David M.Behavior change versus culture change：Divergent approaches to managing workplace safety［J］. Journal of safety Science，2005（43）：105-129.

［2］Guo H L，Li H，Skitmore M.Life cycle managementof construction projects based on Virtual Prototyping technology［J］. Journal of Management in Engineering，2010，26（1）：41-47.

［3］S.Thomas，Kam Pong Cheng.A framework for evaluating the safety performance of construction contractors［J］. Journal of building and environment，2005（40）： 1347-1355.

［4］Thanet Aksorn.Critical success factors influencing safety program performance in the construction projects［J］. Journal of safety Science, 2008（46）：709-727.

［5］陈恒．浅谈新形势下建设工程质量政府监督管理模式及方法［J］. 中华民居，2012（6）：401-402.

［6］陈建国，周兴．基于 BIM 的建设工程多维集成管理的实现基础［J］. 科技进步与对策，2008，25（10）：150-153.

［7］陈丽娟．基于 BIM 的地铁施工空间安全管理研究［D］. 武汉：华中科技大学，2012.

［8］程刚．建设工程质量政府监督机构设置于运行方式研究［D］. 杭州：浙江大学，2004.

［9］崔淑梅，徐卫东．建筑安全监督与管理的手段与方法研究［J］. 建筑安全，2008，23（10）：14-16.

［10］丰亮，陆惠民．基于 BIM 的工程项目管理信息系统设计构想［J］. 建筑管理现代化，2009，23（4）：362-366.

［11］郭汉丁．国外建设工程质量监督管理的特征与启示［J］. 建筑管理现代化，2005（5）：5-8.

［12］郭汉丁．建设工程质量政府监督管理［M］. 北京：化学工业出版社，2004.

［13］郭汉丁．试析施工中建设工程质量政府监督管理［J］. 工程建设与设计；2005（2）：70-71.

［14］何关培，李刚（Elvis）．那个叫 BIM 的东西究竟是什么［M］. 北京：中国建筑工业出版社，2011.

［15］何关培 .BIM 总论［M］. 北京：中国建筑工业出版社，2011.

［16］何清华，韩翔宇．基于 BIM 的进度管理系统框架构建和流程设计［J］. 项目管理技术，2011（9）：96-99.

［17］何清华，钱丽丽，段运峰 .BIM 在国内外应用的现状及障碍研究［J］. 工程管理学报，2012，26（1）：12-16.

［18］黄彤军．我国工程质量监督管理存在的问题及对策［J］. 职业圈，2007（12S）：193-194.

［19］黄雪群．建设工程安全政府监督管理研究［D］. 重庆：重庆大学，2009.

［20］柯凌．论工程质量监督机构对工程质量的责任［J］. 工程质量，2005（1）：3-7.

［21］马智亮，娄喆 .IFC 标准在我国建筑工程成本预算中应用的基本问题探讨［J］. 土木建筑工程信息技术，2009，2（1）：7-14.

［22］彭文季．对当前建筑工程安全监管工作的思考［J］. 建筑安全，2013，28（5）：30-33.

［23］齐聪，苏鸿根．关于 Revit 平台工程量计算软件的若干问题的探讨［J］. 计算机工程与设计，2008，29（14）：3760-3762.

[24] 齐鸣，刘宝山，袁定超．全面质量管理在香港迪士尼工程中的综合运用 [J]. 施工技术，2005，34（11）：12-14.

[25] 寿文池．BIM 环境下的工程项目管理协同机制研究 [D]. 重庆：重庆大学，2014.

[26] 唐海林．青岛市建设工程质量政府监督研究 [D]. 杭州：浙江大学，2002.

[27] 上海市住房和城乡建设管理委员会．建筑信息模型应用标准：DG/TJ 08—2201—2016 [S]. 上海：同济大学出版社，2017.

[28] 王广斌，张洋，谭丹．基于 BIM 的工程项目成本核算理论及实现方法研究 [J]. 科技进步与对策，2009，26（21）：47-49.

[29] 王柯．基于 IFC 的 3D+ 建筑工程费用维的信息模型研究 [D]. 上海：同济大学，2007.

[30] 王青薇，张建平．基于 BIM 的工程投资控制研究 [J]. 工业建筑，2011（S1）：1016-1019.

[31] 吴松．加强信息化建设 创新监督机制　开创工程质量安全监督工作新局面——广东省建设工程质量安全监督检测总站吴松站长在全省建设工程质量安全监督站站长工作座谈会上的讲话 [J]. 建筑监督检测与造价，2012（6）：9-13.

[32] 吴学锋．关于建设工程质量政府监督管理模式的创新思考 [J]. 四川建筑，2005（4）：137，139.

[33] 杨川．建设工程质量政府监督机制研究 [D]. 重庆：重庆大学，2005.

[34] 张建平．基于 BIM 和 4D 技术的建筑施工优化及动态管理 [J]. 中国建设信息，2010（2）：18-23.

[35] 张全胜，周季良，马秋林．我国建筑安全监督管理的对策与建议浅析 [J]. 建筑安全，2008（5）：17-18.

[36] 张士胜，吴新华．基于全过程的工程质量政府监管体系研究 [J]. 项目管理技术，2011，9（7）：23-25.

[37] 张树捷 .BIM 在工程造价管理中的应用研究 [J]. 建筑经济，2012（2）：20-24.

[38] 张文彬，韦文国. 建筑信息模型在工程项目管理中的研究和应用 [J]. 山西建筑，2008，34（28）：223-224.

[39] 张邑．建设工程质量的政府监督 [D]. 天津：天津大学，2005.

[40] 张泳，付君，王全凤．建筑信息模型的建设项目管理 [J]. 华侨大学学报（自然科学版），2008，29（3）：424-426.

[41] 赵毅立．下一代建筑节能设计系统建模及 BIM 数据管理平台研究 [D]. 北京：清华大学，2008.

[42] 周勇．中外建筑工程质量管理中政府监督作用的对比研究 [J]. 建筑施工，2006，28（4）：320-321，324.

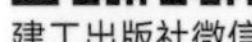

建工出版社微信

各地建筑书店

建知云服务

责任编辑：张伯熙　曹丹丹

封面设计：逸品书装 Design 设计排版专业服务商

经销单位：各地新华书店 / 建筑书店（扫描上方二维码）

网络销售：中国建筑工业出版社官网 http://www.cabp.com.cn
中国建筑出版在线 http://www.cabplink.com
中国建筑工业出版社旗舰店（天猫）
中国建筑工业出版社官方旗舰店（京东）
中国建筑书店有限责任公司图书专营店（京东）
新华文轩旗舰店（天猫）　凤凰新华书店旗舰店（天猫）
博库图书专营店（天猫）　浙江新华书店图书专营店（天猫）
当当网　京东商城

图书销售分类：建筑与工程软件应用（J）

ISBN 978-7-112-28027-8

（40147）定价：34.00 元